AF400401

StaPAFaB — Standardisierung der Probenvorbereitung zur Analyse der Geometrie von Fasern und Partikeln mittels Bildverarbeitung

— Gemeinsamer Schlussbericht zum Projekt —

Vorhabenkonsortium: Faserinstitut Bremen e.V. — FIBRE
Sächsisches Textilforschungsinstitut e.V. — STFI

Förderkennzeichen: 49VF200016 & 49VF200017

Laufzeit des Vorhabens: 01.10.2020 – 31.03.2023

Autoren: Holger Fischer
Ina Sigmund
Petra Hartwig
Esther Dederer
Annett Maschinski

Gefördert durch:

Bundesministerium
für Wirtschaft
und Klimaschutz

aufgrund eines Beschlusses
des Deutschen Bundestages

Bremen, April 2023

Bibliografische Information der Deutschen Nationalbibliothek:
Die Deutsche Nationalbibliothek verzeichnet diese Publikation in der Deutschen National-
bibliografie; detaillierte bibliografische Daten sind im Internet über http://dnb.d-nb.de ab-
rufbar.

© 2023 Faserinstitut Bremen e.V.

Die Forschungsberichte aus dem Faserinstitut Bremen
erscheinen in unregelmäßiger Folge.
Herausgegeben vom
Faserinstitut Bremen e.V. — FIBRE —
Am Biologischen Garten 2
D-28359 Bremen

Der vorliegende Band erscheint als Nr. 70 dieser Reihe.

Autoren: Holger Fischer; Ina Sigmund; Petra Hartwig;
          Esther Dederer und Annett Maschinski

Titel: StaPAFaB — Standardisierung der Probenvorbereitung zur Analyse der Geometrie
          von Fasern und Partikeln mittels Bildverarbeitung.

Herstellung und Verlag: BoD – Books on Demand, Norderstedt.

ISBN dieses Bandes: 978-3-7504-0608-7
ISSN der Reihe 1618–7016

Inhaltsverzeichnis

Tabellenverzeichnis

Abbildungsverzeichnis

Zusammenfassung

Im Projekt wurde die Probenvorbereitung für verschiedenste Materialien durch Erarbeitung optimierter Probenvorbereitungsmethoden vereinheitlicht. Die Herangehensweise unterscheidet sich in der Methodenentwicklung zwischen faserförmigen und nicht faserförmigen Partikeln. Zur Bearbeitung der Problemstellung wurde ein ganzheitlicher Lösungsansatz in Form aufeinander abgestimmter Teilprojekte gewählt. Hintergrund dafür ist insbesondere die selbstständige Untersuchung der unterschiedlichen Partikelarten und die anschließende Kreuzvalidierung der Ergebnisse beider Partner.

Im Arbeitspaket 1 wurden Proben und Problemlösungen zu ungelösten Fragestellungen bzgl. der Probenvorbereitung und Auswertung faserförmiger Partikel zusammengetragen. Die Probensammlung hat mit Ende des einen großen Umfang erreicht. Die Projektpartner blieben allerdings weiter offen für von außen an sie herangetragene weitere Fragestellungen.

Die Arbeiten zum Clustering der Anforderungsfälle (AP 2) wurden planmäßig Anfang 2021 begonnen. Zum Zweck des institutsübergreifenden Austauschs fanden zwei Projektworkshops im Juni 2021 sowie im Mai 2022 statt. Das AP wurde planmäßig abgeschlossen.

Die Entwicklung der vereinheitlichten Vorschriften (AP3) folgt streng dem Schema, das sich aus dem Clustering ergibt. Nach Zuordnung einer Probe zu einer Materialgruppe müssen in dieser Reihenfolge die Fragen nach Homogenität und erforderlicher Probenmenge in einem vorgegebenen Rahmen beantwortet werden. Die sich daraus ergebende Art der Probenpräparation (direkt bzw. nach Vorpräparation) kann nun für die unterschiedlichen Fälle detailliert beschrieben werden. Darauf aufbauend wurden für die einzelnen Fallgruppen Scanparameter identifiziert, die für die jeweilige Fallgruppe wichtig sind (Vorgabe), oder überwiegend zu empfehlen sind (Empfehlung). Der zweite Workshop wurde wegen Corona bedingter Einschränkungen auf 05/2022 verschoben. Auf diesem Workshop konnten die Arbeiten im AP 3 abgeschlossen sowie ein intensiver Austausch zur Überprüfung der Vorschriften im Rahmen des AP 4 begonnen werden.

Der dritte Workshop erfolgte schließlich in 10/2022 und trug wesentlich zum erfolgreichen Abschluss des AP 4 bei. Neben den inhaltlichen Diskussionen stand die Planung und Vorbereitung des öffentlichen Workshops im Mittelpunkt. Der Workshop wurde für den 24. & 25.01.2023 in der Bremer Baumwollbörse terminiert.

An diesem Workshop nahmen 16 externe Teilnehmer aus 11 verschiedenen Institutionen teil. Alle verfügen über ein eigenes Bildanalysesystem. Nach zwei Tagen intensiver Diskussionen, gemeinsamer Übungen an vorgegebenen sowie von den Teilnehmern selbst mitgebrachten Proben konnte ein sehr positives Fazit der Veranstaltung gezogen werden. Der Workshop bot damit auch für die Veranstalter neue Erkenntniss und lieferte eine gute Rückkopplung zur Ergänzung des Referenzhandbuchs.

Aufgrund der Terminnähe zu den o.g. Workshops wurde der laut Arbeitsplan noch für Ende 2022 vorgesehene vierte interne Workshop auf 03/2023 verschoben, um nach der Auswertung des öffentlichen Workshops noch die Endredaktion für das Referenzmanual vornehmen zu können. Neben der Endredaktion des Textes wurden auch die im Internet zu präsentierenden Begleitvideos final festgelegt sowie die verbleibenden Aufgaben im Projekt abschließend geplant.

Zur Kreuzvalidierung fand Ende 2021 ein erster Austausch von Proben zwischen den Partnern statt. Diese Arbeiten wurden im Laufe des Jahres 2022 in beiden Instituten fortgesetzt und die jeweils erzielten Ergebnisse auf den Workshops in 05/2022 und 10/2022 intensiv diskutiert. Die Arbeiten im AP konnten Ende 2022 planmäßig abgeschlossen werden.

Zum Abschluss des Projektes wurde in 02/2022 mit der Erstellung der Schlussberichte begonnen sowie das Referenzhandbuch fertiggestellt. Es ist seit Ende März 2023 bei BoD sowie über den regulären Buchhandel unter der ISBN 978-3-74317-283-8 in gedruckter Form erhältlich; das E-Book folgte Mitte April 2023 unter der ISBN 978-3-75786-870-3.

Die Bearbeitung des Vorhabens entspricht den in den Arbeitspaketen geplanten Arbeitsaufgaben. Alle AP wurden planmäßig abgeschlossen. Der Erfolg des Vorhabens wird nicht durch zwischenzeitlich bekannt gewordene FuE-Ergebnisse beeinflusst.

Danksagung

Wir danken dem Bundesministerium für Wirtschaft und Klimaschutz für die Förderung der korrespondierenden Vorlaufforschungsvorhaben (Reg.- Nr. 49VF200016 bzw. 49VF200017) innerhalb des Förderprogramms „FuE-Förderung gemeinnütziger externer Industrieforschungseinrichtungen (INNO-KOM) — Modul: Vorlaufforschung (VF).

Gefördert durch:

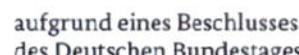

aufgrund eines Beschlusses
des Deutschen Bundestages

Unser ausdrücklicher Dank gilt der Euronorm GmbH für die sachkompetente Projektträgerschaft. Insbesondere möchten wir Herrn Dr. Jens Hauschild für seine kontinuierliche, engagierte und lösungsorientierte Unterstützung danken.

Zusätzlich danken wir den Teilnehmern des öffentlichen Workshops zur Probenvorbereitung für die statische Bildanalyse am 24./25.01.2023 an der Baumwollbörse in Bremen für die vielfältigen zur Diskussion gestellten Proben.

1 Einleitung

Dieser Bericht beschreibt die Ergebnisse des Projekts StaPAFaB, das unter Förderung des INNO-KOM Programms im Zeitraum 01.10.2020 – 31.03.2023 in Form von zwei korrespondierenden Teilprojekten durchgeführt wurde:

> ➤ Teilprojekt „Nicht-faserförmige Partikel",
>   FKZ 49VF200016; Faserinstitut Bremen e.V., Bremen/DE und
> ➤ Teilprojekt „Faserförmige Partikel",
>   FKZ 49VF200017; Sächsisches Textilforschungsinstitut e.V., Chemnitz/DE

Die Ergebnisse sind im Folgenden übergreifend für beide Teilprojekte und Partner dargestellt.

1.1 Technische Zielstellung des Vorhabens

Unter dem Begriff Digitale Bildanalyse wird im Allgemeinen die automatisierte Gewinnung von visuellen Informationen aus digitalen Bildern verstanden. Hierzu bedarf es einer speziell an das Problem angepassten Software zur Auswertung der Bilddaten in Kombination mit einer geeigneten Hardware als Bildquelle. Je nach Anforderung kommen als Bildquellen CCD-Kameras oder Zeilenkameras in Betracht. Die Software dient zur Bildaufbereitung, Segmentierung und Interpretation der Bilder.

Bei Laborbildanalyseverfahren ist die Beleuchtung ein wichtiger Aspekt. Jedes Problem, das mit Hilfe von bildanalytischen Systemen gelöst werden soll, bedarf in jedem Fall der Konzeption optimal einsetzbarer Aufnahmeanordnungen. Dies betrifft insbesondere die Untersuchung von entsprechender Kamera- und Beleuchtungstechnik [1].

Basierend auf dieser Erkenntnis haben sich seit der Jahrtausendwende zur Analyse rieselfähiger Partikel geeignete Geräte im Laborbereich etabliert, die wie z.B. QuicPic [2] oder CAMSizer [3] in der Lage sind, Schüttgüter in weiten Partikelgrößenbereichen zu analysieren. Für alle anderen Proben, die nicht in diese Kategorie fallen oder für unregelmäßig bzw. selten anfallende Fragestellungen im Laborbetrieb stellt die Scannertechnik eine sinnvolle Möglichkeit zur Bildaufnahme für die Roh- und Werkstoffcharakterisierung unter optimierten Lichtbedingungen dar, mittels der Ausleuchtungsprobleme und Auflösungsprobleme minimiert werden können [4]. Dementsprechend wird in den Laboren der Antragsteller seit mehreren Jahren zur Bestimmung verschiedener Parameter an wechselnden Proben als Labormethode die Scannertechnik verwendet.

Dabei kommt der Probenvorbereitung aus mehreren Gründen eine zentrale Bedeutung zu [5], [6]:

> ➤ Eine zu starke Überlagerung von Partikeln ist rechnerisch kaum kompensierbar, muss also möglichst vermieden werden.
> ➤ Das Dispergieren von Partikeln bzw. Fasern ist oft schwierig, aber für ein hinreichendes Messergebnis notwendig.

Der Nutzer ist gezwungen abzuwägen, ob Präparationsaufwand, Zeitbedarf und Genauigkeit noch in entsprechendem Verhältnis stehen.

Im Ergebnis liefert die Bildauswertung mehr Ergebnisse als z.B. eine Siebanalyse — insbesondere bzgl. der Größenverteilungen für Länge, Breite und/oder Formfaktoren. Darüber hinaus gibt es Fragestellungen wie z.B. in der Holztechnologie Anteile von Fasern und Strands (große Holzpartikel) im Vlies bzw. Späne in der Plattenoberfläche, die nur mittels Bildauswertung messbar sind [5].

Aus Vergleichsuntersuchungen ist bekannt, dass alle bildanalytischen Methoden ihre Grenzen in der Auswerteroutine hinsichtlich unzureichender Dispersion der Partikel, des Messbereiches und der Auflösung haben. Bei vergleichbarer optischer Auflösung und bei geeigneter Gewichtung und Skalierung ergeben sich sehr ähnliche Verteilungen für die Partikellänge und das Verhältnis Länge zu Breite sowie vergleichbare Perzentile [6].

Eine Normung solcher Verfahren ist sowohl aus Gründen der Reproduzierbarkeit als auch der Vergleichbarkeit der Messwerte notwendig, aber im Bereich der bildanalytischen Größenbestimmung bislang nur teilweise erfolgt. Die DIN ISO 9276–1 [7] bis –4 legen die Parameter für die einheitliche Auswertung, die grafische Darstellung der Ergebnisse und die Fehlerbetrachtung fest. Die Aufnahme der Bilder und die Kalibrierung der Messanordnung werden im Wesentlichen gerätespezifisch lediglich durch Anweisungen der Hersteller abgedeckt. Die Art und Weise der Vorbereitung von Proben für die statische bildanalytische Messung wird darin nicht erfasst.

Dies führt bei steigender Bedeutung der statischen Bildanalyse insbesondere zu Schwierigkeiten in den Akkreditierten Labors von Forschungsinstituten und Auftragslaboratorien. Die Eignung des Verfahrens zur universellen Messung verschiedener Formparameter, verbunden mit der statistischen Absicherung der Ergebnisse, verleitet zum häufigen Einsatz bei unbekannten Fragestellungen oder Einzelproben. Unterschiedliche Probenvorbereitungen sowie abweichende Aufnahme- und Messparameter führen jedoch zu starken Abweichungen der Resultate. Damit ist weder die Reproduzierbarkeit der Messungen im ausführenden Labor noch die Vergleichbarkeit von Messergebnissen zwischen unterschiedlichen Labors z.B. bei Rundtests gegeben.

Im Rahmen dieses Projektes wurden daher die: unterschiedlichen Herangehensweisen der Präparation für verschiedene Typen von Proben systematisch erarbeitet und als einheitliche Richtlinie zusammengefasst. Diese umfasst für die analytischen Fragestellungen auch sinnvolle Parameter für Scan und Auswertung. Dies sind insbesondere:

> die Vorgabe adäquater Auflösungen, abhängig von Probematerial und analytischer Fragestellung,

> die Vorgabe abweichender Bildmodi (Farbe/Graustufen, Anzahl Stufen) und Histogrammkurven für bestimmte Materialien, um z.B. (teilweise) transparente Materialien genauso korrekt zu charakterisieren wie lichtundurchlässige,

> die Messung im Durch- oder Auflicht,

> die Vorgabe adäquater Auswertungsparameter (z.B. Länge, Breite, aspect ratio etc.), abhängig von Probematerial und analytischer Fragestellung, sowie

> eine für die jeweilige Fragestellung sinnvolle Art der Messwertausgabe in Bezug auf Methode der Messwertgewichtung, Art der Histogramme, etc.

Der explizite Eingang dieser Erkenntnisse in eine Norm wird angestrebt.

In diesem Projekt wurde die Probenvorbereitung für verschiedenste Materialien durch Erarbeitung optimierter Probenvorbereitungsmethoden vereinheitlicht. Die Ausgangssituation war in den Labors beider Projektpartner vergleichbar: beide Labore verfügten über ein System zur statischen Analyse verschiedener Materialien mittels Bildverarbeitung (FibreShape, IST AG, CH), das seit Jahren regelmäßig für wenige feststehende Verfahren eingesetzt wird. Dies erfolgt nach internen Vorschriften in immer identischer Weise durch geschultes Personal, so dass die Resultate gut vergleichbar sind. Beispiele hierfür sind:

> Messung der Längenverteilung von ungekräuselten Faserabschnitten, wie z.B. recycelten Carbonfasern, Glasfasern u.a. Verstärkungsfasern (Kenaf, Sisal) im Bereich 0,1 bis 20 cm mittels Flachbettscanner im STFI,

> Messung der Breitenverteilung (als Äquivalent für die Feinheit) von Naturfasern, wie z.B. Hanf, Flachs, Wolle, Baumwolle etc. im Bereich 10 – 500 μm mittels Diascanner im FIBRE.

Beide Methoden wurden im Rahmen der Materialcharakterisierung für unterschiedlichste Forschungsprojekte erarbeitet und haben seit rund 10 Jahren Eingang in die tägliche Analysepraxis der Institute gefunden. Sie sind als robust und zuverlässig bekannt und werden daher für externe Kunden auch kommerziell angeboten.

Dem gegenüber standen sehr häufige Anfragen von Projektpartnern und aus internen Projekten zur Messung einzelner Proben oder bislang nicht analysierter Materialien. Diese machten jedes Mal eine Methodenentwicklung mit der oft aufwendigen Erarbeitung einer geeigneten Probenvorbereitung und anschließender Validierung notwendig. Beispiele hierfür aus den letzten Jahren sind in Tabelle 1 zusammengefasst.

Der Aufwand zur Entwicklung der in Tabelle 1 gelisteten Problemlösungen war unterschiedlich, aber immer hoch. Dies ist auch der Notwendigkeit geschuldet, jeweils individuell angepasste Lösungen zu finden, wie die folgenden Einzelfälle exemplarisch verdeutlichen:

Die Analyse von Pappelflaumfasern konnte erst im Rahmen einer Bachelorarbeit [8] erarbeitet werden. Die komplexe äußere Geometrie der Pappelflaumfasern (entspricht etwa einer Hühnerkralle) mit zwei abzweigenden „Ästen" sorgt für das Verhaken untereinander und den guten Bausch als Bettfüllung. Gleichzeitig sind die Fasern aber nur mit hohem Aufwand zerstörungsfrei trennbar. Die Bachelorarbeit umfasste die Erarbeitung einer zerstörungsfreien Dispergierung und eine der speziellen Geometrie angepasste Definition der Auswertungsparameter.

Die Analyse des Getreidespelzenmahlgutes als nahezu „Standardfall" erforderte den Aufwand von ca. 1,5 Arbeitswochen. Hier mussten getrennte Verfahren zur Klassierung des Rohstoffs (ganze Spelzen mit Bruch- und Staubanteilen) einerseits, sowie für die Mahlgutfraktionen (überwiegend Partikel, mit Spelzenfragmenten und Staubanteil) andererseits entwickelt werden. Der Rohstoff wurde schließlich über eine Rüttelplatte auf eine Folie dispergiert, während für die Mahlgutproben ein abgewandeltes Siebverfahren genutzt wurde. Hier musste sichergestellt werden, dass auch im Sieb zurückgehaltene Spelzenfragmente noch für die Messung aufgelegt und zusammen mit der Restprobe analysiert werden.

Der weiße Faserabrieb handelsüblicher Polyesterfasern setzte sich äußerst schlecht von der Hintergrundplatte des Scanners ab. Hier konnte die Güte der Probenvorbereitung zu Beginn nur sehr schwer bewertet werden. Es wurden unterschiedlich farbige Scannerhintergründe genutzt. Die für die Datenauswertung ausgewählte Messmaske musste hinsichtlich erhöhter Ausleuchtung angepasst werden.

Tabelle 1   Beispiele bildanalytischer Einzelfalllösungen.

Fragestellung	Beispielbilder	Art der Lösung	Notwendig für
Länge und Breite von Pappelflaumfasern [8]		Nassvorbereitung zur Vereinzelung sowie Definition von „Länge" und „Breite" der dreigliedrigen Objekte	Charakterisierung hochwertiger Kissen- und Bettdeckenfüllung (Preiskalkulation)
Größenverteilung von Getreidespelzen		Dispergierung über Sieb, Analyse von Längen-, Breiten- und Korngrößenverteilung	Einstellung des Mahlwerks zur Erzeugung von Verstärkungsfasern für Spritzguss
Partikelgrößen von Synthesefaserabrieb (Mikroplastik)		Sieb- bzw. Nassvorbereitung zur Dispergierung; Messmaskenerstellung	Klassifizierung von Partikelgrößen im Abwasserkreislauf
Länge und Breite von Getreidestrohabschnitten		Manuelle Präparation	Festlegung der Häckselparameter
Längenverteilung von Basaltfaserkurz-schnitt		Nassvorbereitung zur Vereinzelung der Partikel	Kalibrierung der Schneidwerke
Längenverteilung von Hanfkurzfasern		Manuelle Präparation	Definition unterschiedlicher Abfallfraktionen und darauf abgestimmte Weiterverarbeitung
Sisalscherabfälle		Siebvorbereitung zur Dispergierung; Messmaskenanpassung	Einstellung des Scherwerks

Aus dem Roving hergestellter Basaltfaserkurzschnitt unterschiedlicher Schnittlängen lässt sich während der trockenen Probenvorbereitung nahezu nicht vereinzeln. Weder die einzelnen Schnittbündel lassen sich sicher voneinander trennen, noch gelingt es, die Schnittbündel zerstörungsfrei als Einzelfasern zu präparieren. Als Lösungsvariante wurde eine Nassvorbereitung zur Vereinzelung der Partikel gewählt. Dazu wurde sowohl mit Wasser ohne bzw. mit Netzmittel gearbeitet, um eine Faserschädigung zu vermeiden. Voraussetzung für die anschließende Messung sind geeignete Probenträger zur Nasspräparation. Werkstoffabhängige Größen bzw. Geometrien sind dafür notwendig.

Proben aus Bastkurzfasern (Hanf, Nessel, Flachs) aus unterschiedlichen Abfallfraktionen der Faseraufbereitung bzw. der Weiterverarbeitung zu textilen Flächen/Garnen werden immer

manuell mit hohem Zeitaufwand pro Probe für die Faserlängenmessung vorbereitet. Der subjektive Einfluss des Laboranten ist dabei enorm. Das wirkt sich negativ auf die Reproduzierbarkeit der Messergebnisse sowohl bei einer Wiederholung der Prüfung im eigenen Labor als auch bei Rundversuchen bzw. Validierungsprozessen aus.

Sisalscherabfall ist bzgl. der Faserfeinheit durch seine eher grobe Textur gekennzeichnet. Die von der Garnoberfläche abgescherten abstehenden Faserenden sind eher steif, spröde und jedoch gut rieselfähig. Aufgrund ihrer begrenzten Länge < 12 mm wurde eine Dispergierung mittels Sieben unterschiedlicher Maschenweite durchgeführt. Die Messmaske wurde angepasst.

Solcher Aufwand ist i.d.R. nur im Rahmen von Forschungsprojekten teilweise leistbar. Dazu kamen aber kommerzielle Anfragen ähnlicher Art (s. weitere Beispiele aus Tabelle 1), die wegen des notwendigen Aufwandes für die Erarbeitung der Probenvorbereitung und Messparameter oft nur im fünfstelligen Bereich angeboten werden konnten. Dementsprechend selten führte dies auch zu Aufträgen.

Im Rahmen dieses Projektes konnte diese Situation grundlegend verbessert werden.

1.2 Abgrenzung vom Stand der Wissenschaft und Technik

Für die oben beschriebenen Probenbeispiele stand zu Projektbeginn alternativ zur optischen Auswertung als genormtes Verfahren lediglich die Einzelfasermessung nach DIN 53808-1 [9] zur Verfügung. Dabei wird bzgl. der Probenhandhabung wie folgt unterschieden:

> Zwei-Pinzetten-Verfahren
>
> Bei diesem Verfahren werden die Fasern mit Hilfe zweier Pinzetten nahe an jedem Ende erfasst. Die beiden Faserenden sollen etwa 1 mm aus den Pinzetten herausragen. Anschließend werden beide Pinzetten –voneinander entfernt, so dass die entkräuselte Länge bestimmt werden kann. Bei der Geraderichtung der Fasern darf es zu keiner merklichen Dehnung kommen. Die so erfassten Fasern werden zum Ablesen der Länge mit den Pinzetten an einen Maßstab angelegt. Abschließend wird der ermittelte Wert in eine Strichliste eingetragen.

> Ein-Pinzetten-Verfahren
>
> Die Fasern werden einzeln mit einer Pinzette erfasst, auf eine Glasplatte gelegt, vorsichtig glatt gestrichen, so dass die Kräuselung möglichst vollständig verschwindet, z. B. durch Ziehen der Faser über die Platte, wobei die Faser mit einem geeigneten Hilfsmittel auf die Platte gedrückt wird. Hierbei darf die Faser keinesfalls gedehnt werden. Die entkräuselte Länge wird zwischen den beiden Faserenden auf einem Maßstab abgelesen. Die gemessene Länge wird in eine Strichliste eingetragen.

Für die statische Bildanalyse sind dagegen in der Regel andere Verfahren der Probenvorbereitung, z.B. mittels Sieben [10] oder in Flüssigmedium [11], erforderlich. Eine kurze Übersicht ist in Abbildung 1 dargestellt.

Die im Abschnitt 1.1 beschriebenen Arten der Probenvorbereitung wurden speziell für einzelne Fragestellungen entwickelt (Flockfasern für Rundtest/Sieben; Längenmessung an Carbon- oder Glasfaserfilamenten Flüssigpräparation). Sobald Materialien untersucht werden

sollten, die nicht gleich, sondern lediglich ähnlich waren, mussten die Präparationsschritte zumindest hinterfragt und die erzielten Ergebnisse validiert werden.

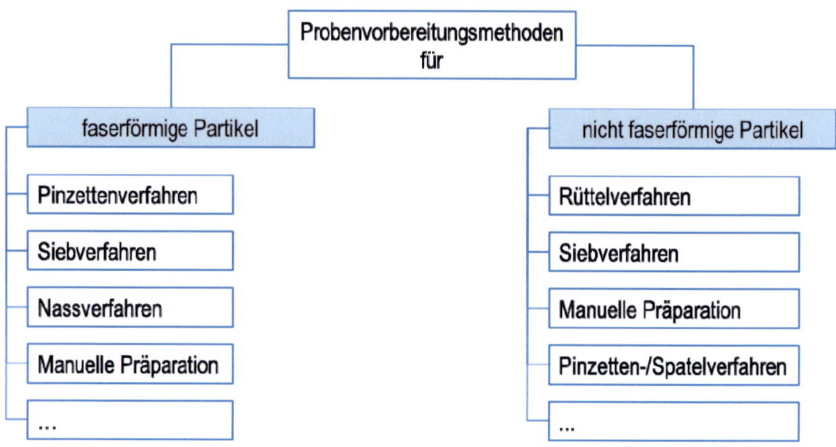

Abbildung 1   Probenvorbereitungsmethoden für die Partikelmessung mittels Bildanalyse im Überblick

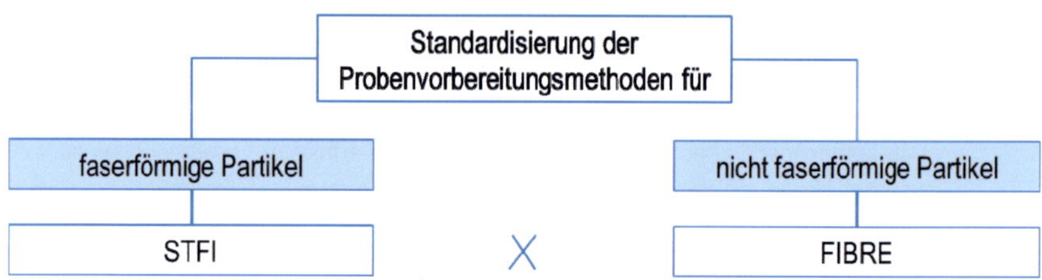

Abbildung 2   Arbeitsteilung zur Erreichung des Forschungsziels unabhängig voneinander (Kreuzvalidierung X der Ergebnisse zu beiden Partikelarten)

Als Konsequenz war bei Projektbeginn die statische Bildanalyse zwar als auf vergleichsweise preiswerter Hardware beruhende sehr vielseitige Methode bekannt. Sie hatte aber wegen der oben beschriebenen Umstände den Ruf, aufwendig und kompliziert zu sein. Die Kenntnis der im Projekt entwickelten optimierten Probenvorbereitung kann nun dazu führen, dass auch bislang nicht betrachtete Probenmaterialien mit wesentlich geringerem Entwicklungsaufwand reproduzierbar und in verschiedenen Laboratorien gleichartig für die Bildverarbeitung vorbereitet werden können. Das stellt nicht nur vergleichbare Messergebnisse sicher, sondern kann mittelfristig auch zu einem breiteren Einsatz der Bildanalyse in Forschungs- und kommerziellen Laboren sowie in der Industrie führen.

Die Herangehensweise unterscheidet sich in der Methodenentwicklung zwischen faserförmigen und nicht faserförmigen Partikeln. In Abbildung 1 sind die jeweils wichtigsten Verfahren in ungefähr Rangfolge ihrer Häufigkeit aufgelistet. Zur Bearbeitung der Problemstellung war daher ein ganzheitlicher Lösungsansatz in Form aufeinander abgestimmter Teilprojekte notwendig (s. Abbildung 2).

Hintergrund dafür ist insbesondere die selbstständige Untersuchung der unterschiedlichen Partikelarten und die anschließende Kreuzvalidierung der Ergebnisse in den kooperierenden Instituten STFI und FIBRE.

1.3 Technischer Lösungsansatz und Arbeitspakete

Das Projektziel konnte durch die Schaffung eines Referenzmanuals erreicht werden, in welchem typische Materialklassen *faserförmiger* bzw. *nicht faserförmiger* Partikel und deren jeweilige Probenvorbereitung beschrieben werden, um eine reproduzierbare und gleichartige Messung, auch über Laborgrenzen hinaus, zu gewährleisten. Diese Angaben wurden um typische Auswertungsparameter bezüglich der jeweiligen Materialklassen ergänzt, die im Einklang mit den bestehenden Normen der DIN ISO 9276-x stehen. Das wurde mittels folgender Arbeitsschritte erreicht:

➢ Sammlung und Erfassung von Proben und Problemlösungen bzw. ungelösten Fragestellungen in den beteiligten Instituten sowie bei weiteren Textilforschungseinrichtungen und Industriepartnern unter Nutzung der Netzwerke der beiden Antragsteller,

➢ Clustering dieser Anforderungsfälle zu gleichartigen, übergeordneten Fallgruppen und — soweit erforderlich — Ergänzung um noch nicht enthaltene Fallgruppen, begleitet durch die Beschaffung entsprechenden Probenmaterials,

➢ Entwicklung von vereinheitlichten Vorschriften für die Probenvorbereitung der verschiedenen Fallgruppen unter Berücksichtigung bereits erfolgter Lösungen und Validierung für die jeweiligen Gruppen. (Bearbeitung verteilt zwischen den Antragstellern nach faserförmigen und nicht faserförmigen Materialien),

➢ Erarbeitung von Empfehlungen zu sinnvollen Analyse- und Auswertungsparametern für die einzelnen Fallgruppen, die eine Einhaltung der DIN ISO 9276-x gewährleisten (Bearbeitung verteilt zwischen den Antragstellern nach faserförmigen und nicht faserförmigen Materialien),

➢ Kreuzvalidierung der Ergebnisse durch gemeinsame Workshops im jeweils anderen Institut, um die Vergleichbarkeit der Ergebnisse und den gleichen Trainingsstand des Laborpersonals sicherzustellen,

➢ Erstellung eines Referenzmanuals mit Beschreibung der vereinheitlichten Probenvorbereitung der erfassten Materialklassen (Fallgruppen) und Empfehlungen zu sinnvollen Analyse- und Auswertungsparametern für die einzelnen Fallgruppen,

➢ Öffentlicher Abschlussworkshop mit kostenloser Teilnahmemöglichkeit für alle interessierten Institutionen,

➢ Einarbeitung aller Erkenntnisse aus den Workshops in das Referenzmanual und Publikation über den Buchhandel mit ISBN sowie zum Download als E-Book.

Durch die Arbeit im Projekt sollten die in Tabelle 2 zusammengestellten Zielwerte erreicht werden.

Tabelle 2   Angestrebte Parameter mit Zielwerten

Parameter	Zielwert
Reduktion des Zeitaufwandes für die Erarbeitung einer geeigneten Probenvorbereitung bei neuartigen Proben	70 – 90%
Reduktion des Zeitaufwandes für die Ermittlung optimaler Scan- und Auswertungsparameter	50 %
Steigerung der Anzahl von Analysen mittels statischer Bildverarbeitung	100 %

Die Durchführung des Projektes erfolgte entsprechend der Arbeitsteilung aus Abbildung 2 in folgenden Arbeitspaketen:

AP 1   Sammlung und Erfassung von Proben und Problemlösungen

a. Sammlung und Beschaffung von Proben
   - in den beteiligten Instituten,
   - bei weiteren Textilforschungseinrichtungen und Industriepartnern.
b. Erfassung offener Fragestellungen
   - proben- bzw. materialspezifisch,
   - proben- bzw. materialübergreifend.

AP 2   Clustering der Anforderungsfälle

a. Clustering der Anforderungsfälle
   - proben- bzw. materialspezifisch,
   - proben- bzw. materialübergreifend.
b. Ergänzung um noch nicht enthaltene Fallgruppen
   - Literaturrecherche,
   - Analyse der Kommunikation mit den Probenabsendern.

AP 3   Entwicklung von vereinheitlichten Vorschriften für die Probenvorbereitung und –analyse

a. Entwicklung vereinheitlichter Vorschriften für die einzelnen Fallgruppen
   - Strukturierung einer schlüssigen, nachvollziehbaren und allgemeingültigen Vorschriftsgliederung,
   - Untersetzung der Gliederung mit detaillierten Ausführungsanleitungen.
b. Erarbeitung von Empfehlungen zu sinnvollen Scan- und Auswertungsparametern für alle ermittelten Fallgruppen der *nicht faserförmigen* Materialien
   - Auflösung, abhängig von Probematerial und analytischer Fragestellung,
   - Bildmodi (Farbe/Graustufen, Anzahl Stufen) und Histogrammkurven
   - Messung im Durch- oder Auflicht,

- Auswertungsparameter (z.B. Länge, Breite, aspect ratio etc.)
- Art der Messwertausgabe (Messwertgewichtung, Art der Histogramme, etc.)

AP 4   Validierung

a. Überprüfung der Vorschriften
   - Auswahl und Einführung unvoreingenommener Angehöriger des fachspezifischen Laborpersonals,
   - Test der Vorschriften auf Verständlichkeit.
b. Untersuchungen zur Umsetzbarkeit der Vorschriften
   - Test der Vorschriften auf praktische Umsetzbarkeit im Laborbetrieb,
   - Test der Vorschriften hinsichtlich logischer Fehler u. a.

AP 5   Kreuzvalidierung der Ergebnisse

a. Durchführung gemeinsamer interner Workshops
   - zwei Workshops beim Partner STFI (s. korrespondierender VF-Antrag des STFI) mit ausgewähltem Laborpersonal des FIBRE,
   - zwei Workshops am FIBRE mit STFI-Beteiligung.
b. Kreuzvalidierung der Ergebnisse
   - Durchführung von Untersuchungen anhand der erstellten Vorschriften mit Probematerialien der *faserförmigen* Partikelgruppe aus den Grundsatzunter-suchungen des STFI (s. korrespondierender VF-Antrag des STFI),
   - Vergleich der gewonnenen Ergebnisse mit den Referenzwerten des STFI.

AP 6   Referenzmanual, öffentlicher Workshop und Publikation der Ergebnisse

a. Erstellung des Referenzmanuals
   - Diskussion und Umsetzung einer perspektivisch normenkonformen Gliederung,
   - Definition und Auswahl eindeutiger Begrifflichkeiten,
   - Auswahl geeigneter Mittel zur Illustration bzw. eindeutigen Veranschaulichung bestimmter Präparationsschritte,
   - Recherche und Erstellung Literaturverzeichnis/Quellen,
b. Durchführung des öffentlichen Abschlussworkshops
   - Kontaktaufnahme mit dem AVK-Arbeitskreis,
   - Vorbereitung (Programm erstellen, Teilnehmerkreis festlegen, Einladungen),
   - Workshopinhalte erstellen und visualisieren,
   - Messproben auswählen,
   - Diskussion der Problemstellungen und Ergebnisse im Workshop,
   - Auswertung des Workshops (Erfassung der Hinweise der Teilnehmer).
c. Schlussdokumentation und Publikation des Referenzmanuals
   - Bewertung der erzielten Untersuchungsergebnisse,

- Publikation des Referenzmanuals,
- Erstellung des Schlussberichts.

Folgende Meilensteine begleiteten die Projektdurchführung:
- ➢ Vereinheitlichte Vorschriften für die Fallgruppen sind entwickelt (nach 20 Monaten)
- ➢ Kreuzvalidierung ist abgeschlossen (nach 27 Monaten)
- ➢ Referenzmanual ist erstellt (nach 29 Monaten)

Tabelle 3   Ablaufplan im beantragten Projekt

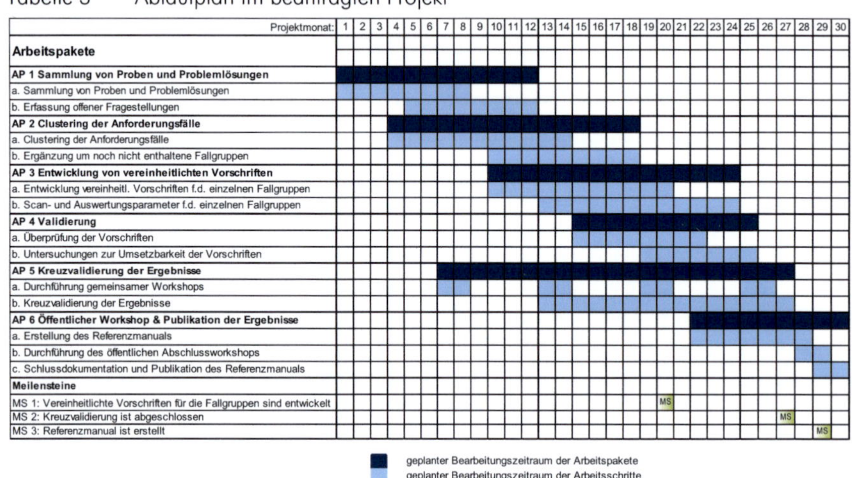

Projektmonat:	1	2	3	4	5	6	7	8	9	10	11	12	13	14	15	16	17	18	19	20	21	22	23	24	25	26	27	28	29	30
Arbeitspakete																														
AP 1 Sammlung von Proben und Problemlösungen																														
a. Sammlung von Proben und Problemlösungen																														
b. Erfassung offener Fragestellungen																														
AP 2 Clustering der Anforderungsfälle																														
a. Clustering der Anforderungsfälle																														
b. Ergänzung um noch nicht enthaltene Fallgruppen																														
AP 3 Entwicklung von vereinheitlichten Vorschriften																														
a. Entwicklung vereinheitl. Vorschriften f.d. einzelnen Fallgruppen																														
b. Scan- und Auswertungsparameter f.d. einzelnen Fallgruppen																														
AP 4 Validierung																														
a. Überprüfung der Vorschriften																														
b. Untersuchungen zur Umsetzbarkeit der Vorschriften																														
AP 5 Kreuzvalidierung der Ergebnisse																														
a. Durchführung gemeinsamer Workshops																														
b. Kreuzvalidierung der Ergebnisse																														
AP 6 Öffentlicher Workshop & Publikation der Ergebnisse																														
a. Erstellung des Referenzmanuals																														
b. Durchführung des öffentlichen Abschlussworkshops																														
c. Schlussdokumentation und Publikation des Referenzmanuals																														
Meilensteine																														
MS 1: Vereinheitlichte Vorschriften für die Fallgruppen sind entwickelt																				MS										
MS 2: Kreuzvalidierung ist abgeschlossen																											MS			
MS 3: Referenzmanual ist erstellt																													MS	

Das Fließschema für den zeitlichen Ablauf des beantragten Projekts inklusive der Meilensteinplanung ist in
Tabelle 3 dargestellt. Die Arbeitsteilung innerhalb der korrespondierenden VF-Anträge von FIBRE und STFI ist verdeutlicht und durch die jeweiligen Arbeitspläne geregelt.

2 Ergebnisse

Im Folgenden sind die im Projekt erzielten Ergebnisse entsprechend der Arbeitspakete aufgeführt.

2.1 AP 1:Sammlung und Erfassung von Proben und Problemlösungen

Im Arbeitspaket 1 wurden Proben und Problemlösungen zu ungelösten Fragestellungen bzgl.
der Probenvorbereitung und Auswertung faserförmiger Partikel in den beteiligten Instituten
sowie bei weiteren Textilforschungseinrichtungen und Industriepartnern unter Nutzung der
Netzwerke der beiden korrespondierenden Antragsteller zusammengetragen. Das AP gliederte sich in die Unterpakete *Probenklassifizierung* und *Erfassung probencharakteristischer
Fragestellungen*, die in den folgenden Unterabschnitten beschrieben werden.

2.1.1 AP 1a: Probenklassifizierung

Aufgrund des eingeschränkten Kontakts zu Dritten wegen der Coronamaßnahmen zu Beginn
der Projektarbeit wurden zunächst weitgehend die eigenen Rückhaltemusterbestände sowie
unterschiedliche faser- bzw. nicht-faserförmige Partikelproben aus dem laufenden Ge-
schäftsbetrieb zusammengetragen.

Im nächsten Schritt (s. Abbildung 3) wurden diese Proben analysiert und bezüglich ihrer Zu-
gehörigkeit zu den beiden Partikelkategorien klassifiziert. Faserförmige Partikel weisen dabei
eine im Verhältnis zur Dicke große Länge auf (l/d > 1.000). Sie sind entsprechend schlank
und biegsam. Faserbruch als Grenzfall weist ein l/d-Verhältnis von > 3 bis 10 auf. Nicht
faserförmige Partikel weisen typischerweise ein l/d-Verhältnis < 3; in Ausnahmefällen bis <
10 auf.

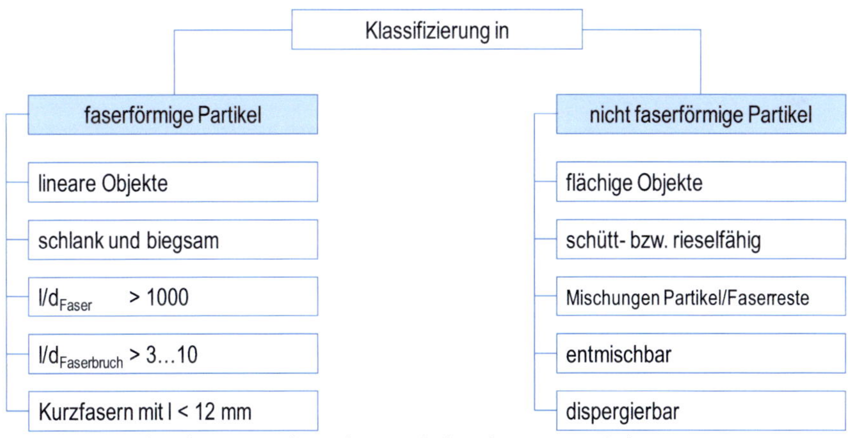

Abbildung 3   Klassifizierung in faser- bzw. nicht faserförmige Partikel

Folgende Proben wurden entsprechend der Zielstellung des Forschungsvorhabens ausge-
wählt und wie folgt nach Partikelart klassifiziert:

- ➤ Nicht faserförmige Partikel am FIBRE
  - o Hopfenstengelabschnitte, gemahlen
  - o Thermoplastische Polyurethan (TPU)-Abfälle, zerkleinert
  - o Bastfaserschäben
  - o Faser-Rezyklate (auch Mischungen Partikel/Faserreste)
  - o Shredderfraktionen (Kunststoffe, Verbundwerkstoffe, Papier etc.)
  - o Mahlgut verschiedener Mahlgrade (Getreide-, Reisspelzen etc.)
  - o Sand
- ➤ Faserförmige Partikel zur Analyse am STFI
  - o Hanffasern, cottonisiert,
  - o Ananasfasern, Schwungmaterial geschnitten,
  - o Natürliche Hohlfasern mit geringster Dichte (Kapok / Pappel),
  - o Holzige Hopfen- bzw. Torffasern,
  - o Sisalscherabfälle,
  - o Basaltfasern bzw. Kurzschnitt,
  - o Aufbereiteter Teppichrückenabfall (geschnittene/gerissene Garnrückstände aus PES und PA,
  - o Synthesefaserabrieb aus PES (Mikroplastik)
  - o Flockfasern (PA)

Die Probensammlung hatte mit Ende des AP 1a in 05/2021 einen inhaltlich mehr als ausreichenden Umfang erreicht und war seitdem formal abgeschlossen. Die Projektpartner blieben allerdings offen für von außen an sie herangetragene weitere Fragestellungen.

2.1.2 AP 1b: Erfassung probencharakteristischer Fragestellungen

Proben- bzw. materialübergreifend wurden folgende Fragestellungen bei Vorliegen der Proben erfasst:

- ➤ Größenordnung bzw. Umfang der Größenverteilung der Partikel,
- ➤ Homogenität / Repräsentativität der Muster.

Eher proben- bzw. materialspezifisch wurden weitere Fragen hinsichtlich

- ➤ Dispergierbarkeit bzw. Abtrennbarkeit verschiedener Teilfraktionen,
- ➤ Risiko der Entmischung bei Proben mit weiter Größenverteilung

aufgeworfen. Das AP 1 konnte planmäßig abgeschlossen werden. Weitere Fragestellungen wurden im Verlauf der Bearbeitung der nachfolgenden Arbeitspakete zum Clustering und zur Probenvorbereitung bearbeitet.

2.2 AP 2: Clustering der Anforderungsfälle

Aufbauend auf AP 1 erfolgte ein Clustering der Anforderungsfälle zu gleichartigen, übergeordneten Fallgruppen und — soweit erforderlich — eine Ergänzung um noch nicht enthaltene Fallgruppen. Das AP gliederte sich in die Unterpakete *Clustering der Anforderungsfälle* und *Ergänzung um noch nicht enthaltene Fallgruppen*, die in den folgenden Unterabschnitten beschrieben werden.

2.2.1 AP 2a: Clustering der Anforderungsfälle

Die Arbeiten zum Clustering der Anforderungsfälle wurden planmäßig Anfang 2021 begonnen. Zum Zweck des institutsübergreifenden Austauschs fanden zwei Projektworkshops im Juni 2021 sowie — wegen Corona-Maßnahmen verschoben — im Mai 2022 statt. Im Ergebnis der Diskussion kamen die Partner zu dem Schluss, dass ein mehrdimensionales Clustering hinsichtlich folgender Parameter erforderlich ist. Der finale Stand ist wie folgt:

> Materialgruppe
> (spezielle) Kundenwünsche
> Homogenität (Probenteilung erforderlich?)
> Probenmenge (Probenteilung erforderlich?)
> Vorpräparation erforderlich?
> Art der Präparation
> Definition von Ausreißern erforderlich?

Die Parameter reichen von einfachen ja/nein Abfragen („Vorpräparation erforderlich?") bis zu komplexen Listen zum Probenhandling. Als wichtige Punkte vor jeder Probenvorbereitung stellten sich auch Homogenität und Probenmenge heraus, die in unterschiedlicher Weise eine Probenteilung entweder im Sinne einer Fraktionierung mit anschließender separater Präparation der Fraktionen oder eine Aufteilung in kleinere Teilproben mit immer noch repräsentativer statistischer Verteilung nach sich ziehen. Erst nach Einordnung in diese Cluster-Parameter können die Art der anzuwendenden Präparation sowie der Umgang mit eventuellen Ausreißern bzw. die Definition der Grenzen für selbige festgelegt werden.

Tabelle 4   Materialgruppen für die Probenvorbereitung

Materialgruppe	Fallgruppen
rieselfähige Partikel	n/a
eingeschränkt rieselfähige Partikel	n/a
Einzelfasern	> Kurzfasern bis 20 mm Länge > Langfasern > 20 mm Länge
Schnittbündel	> Schnittbündel kurz mit gutem Zusammenhalt > Schnittbündel lang oder mit schlechtem Zusammenhalt
Rezyklate	> Einfraktionale Rezyklate > Mehrfraktionale Rezyklate

Die zum Ende des AP definierten Materialgruppen sind in Tabelle 4 gemeinsam mit ihren jeweiligen Fallgruppen aufgeführt. Sie werden in den nachfolgenden Unterabschnitten genauer spezifiziert.

2.2.1.1 Rieselfähige Partikel

Rieselfähige Partikel sind alle Materialien, die sich über eine schräge Fläche ggf. unter leichter Vibration soweit vereinzeln lassen, dass sie von der abschließenden Kante einer solchen

Fläche jeweils frei herunterfallen. Dies beinhaltet gleichermaßen, dass diese Materialien gesiebt werden können. Die meisten sogenannten Schüttgüter gehören damit ebenfalls in diese Materialgruppe. Beispiele sind:

➢ Mineralien, Salze, Zucker

➢ Getreidespelzen, Schäben von Hanf, Flachs etc.

➢ Pulver, Mahlgut aller Art.

Abbildung 4   Schäben aus Pflanzenfasern / Vogelfutter

Generell gilt dabei, dass das Material trocken sein muss! Feuchte Proben verklumpen oder lösen sich gar teilweise, so dass die Größe der einzelnen Partikel nicht feststellbar wäre.

Diese Materialgruppe ist durch eine sehr gute Vereinzelbarkeit des Probeninhalts gekennzeichnet. Die Probenbestandteile weisen in der Regel eine glatte Oberfläche auf, die das gegenseitige Anhaften oder ein Verklumpen verhindern. Die einzelnen Teile der Probe sind eher homogen, d. h. ein Anlagern von kleinen Partikeln an größere ist innerhalb der Probe eher selten. Enthält die Probe Partikelstaub, ist vorab zu klären, ob dieser Probenbestandteil in die Messung einbezogen werden soll oder nicht. In Abbildung 4 sind beispielhaft Materialien für diese Gruppe illustriert.

Verbliebene anhaftende Faserabschnitte können innerhalb der Probe Ansammlungen von Partikeln (Schäben) unterschiedlicher Größe verursachen. Solche Konglomerate sind als Ausreißer zu deklarieren und mittels Vorpräparation zu eliminieren.

Für rieselfähige Proben wird die Siebung (Abschnitt 2.3.1.2) als geeignete Methode zur Probenvorbereitung empfohlen. Für große Probemengen muss ggf. vor der Präparation eine Mischung (Abschnitt 2.3.1.1.1) oder Probenteilung (Abschnitt 2.3.1.1.2) erfolgen.

2.2.1.2 Eingeschränkt rieselfähige Partikel

Eingeschränkt rieselfähige Partikel sind im Prinzip rieselfähige Partikel, die aber aufgrund ihrer Struktur stärker aneinander haften und deshalb mit zusätzlichem Aufwand vereinzelt werden müssen. Dies kann z.B. die mit einem Pinsel unterstützte Siebung oder eine Rüttelplatte sein. Auch die Extraktion einer klebrigen Schlichte von Kurzfasern oder der äußeren Fettschicht z.B. von Kaffeebohnen erfüllt diese Bedingung. Beispiele sind:

➢ Kurzfasern (Flockfasern, gemahlene Fasern für Spritzguss, Sisalscherabfall etc.)

- ➢ aneinander haftende / klebende Partikel (Holzmehl, Kaffeebohnen etc.)
- ➢ Spelzen, Schäben mit anhaftenden Faserresten (Achtung: bei großen Mengen Fasern ist dies ein Material der Gruppe Rezyklate!)
- ➢ Längliche Partikel, die nicht als Fasern gelten (z.B. Mikroplastik)

Generell gilt, dass trockene Materialien mit wenig Mehraufwand gegenüber den rieselfähigen Partikeln präpariert werden können. Erfordert eine Schlichte o.Ä. eine vorgelagerte Extraktion mit Lösungsmittel, so ist es wichtig, im Vorfeld mit dem Probenlieferanten zu klären, ob dieser Zusatzaufwand gerechtfertigt ist und das Probenmaterial nicht verändert (hier sind also ggf. erst geeignete Lösungsmittel zu ermitteln!).

Abbildung 5   Scherabfall aus Sisal (geschüttet bzw. nach Präparation gescannt)

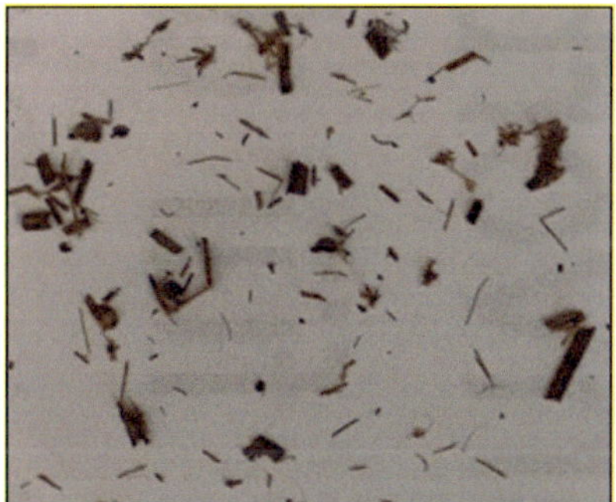

Abbildung 6   Gärabfall aus der Biogasanlage (geschüttet bzw. nach Rütteln)

Diese charakterisierte Partikelart ist weniger grobkörnig. Sie weist eher feine, leichte Bestandteile auf. Ihr Probeninhalt ist weniger gut vereinzelbar als die rieselfähigen Partikel. Die Probenbestandteile haften ggfs. aufgrund ihrer eher rauen Oberflächenbeschaffenheit begrenzt aneinander. Ein Verklumpen ist möglich, lässt sich jedoch größtenteils durch Rütteln vermindern. Die einzelnen Teile der Probe können geometrisch ähnliche Dimensionen aufweisen, aber auch stark in ihrer Größe voneinander abweichen. Das Anlagern von kleinen

Partikeln an größere ist innerhalb der Probe üblich. Die eingeschränkte Rieselfähigkeit ist teilweise mechanisch reduzierbar, wenn mit geeigneten labortechnischen Hilfsmitteln unterstützt werden kann. In Abbildung 5 und Abbildung 6 sind beispielhaft Materialien für diese Gruppe illustriert.

Auch hier sind Konglomerate als Ausreißer zu deklarieren und mittels Vorpräparation zu eliminieren.

Für eingeschränkt rieselfähige Partikel wird ebenfalls die Siebung (Abschnitt 2.3.1.2) empfohlen. Hier kann zusätzlich ein Pinsel als Separierhilfe eingesetzt werden. Sollte das Probenmaterial am Pinsel anhaften, ist ein Spatel zu bevorzugen. Für große Proben muss ggf. vor der Präparation eine Probenteilung (Abschnitt 2.3.1.1.2) erfolgen.

2.2.1.3 Einzelfasern

Einzelfasern sind Fasern unterschiedlicher Länge und Breite, die nicht aneinander haften und sich mit geringem Aufwand voneinander trennen lassen. Dazu gehören auch Naturfasern, die wie z.B. alle Bastfasern als Faserbündel vorliegen. Beispiele sind:

> Kurzfasern (Flockfasern, gemahlene Fasern für Spritzguss, Sisalscherabfall etc.) → diese erfüllen auch die Bedingungen der Gruppe *Eingeschränkt rieselfähige Partikel!*

> Langfasern (Synthesefasern aller Art, Naturfasern wie Baumwolle, Hanf, Flachs, Wolle, andere Tierhaare etc.)

> Native Hohlfasern (Kapok, Pappelflaum)

> Fasermischungen

> ggf. auch geschnittene Rovings (gehören i.d.R. aber in die Gruppe *Schnittbündel*)

Abgesehen von Kurzfasern und kurz geschnittenen Rovings (beide sind i.d.R. eingeschränkt rieselfähig) ist den Fasern gemeinsam, dass sie relativ schwierig zu vereinzeln sind. Spröde Fasern wie Carbon-, Glas- oder Basaltfasern können sich im gescannten Bild kreuzen. Wenn der Kreuzungswinkel groß genug ist, bleibt trotzdem die einzelne Faser identifizierbar, so dass ihre Länge gemessen werden kann. Für biegeschlaffe Fasern, d.h. alle thermoplastischen Synthesefasern und fast alle Naturfasern gilt dies nicht, so dass mit moderatem Aufwand bildanalytisch nur die Breitenverteilung gemessen werden kann. Manche Faserarten wie Pappelflaum stark sind zudem miteinander verschlungen, so dass für eine weitergehende Analyse nur noch eine Nasspräparation möglich ist oder gar die manuelle Präparation der Einzelfasern notwendig würde. Die Nasspräparation kann für Carbon-, Glas- und Basaltfasern o.Ä. sinnvoll sein, um hier auch die Längenverteilung zu erfassen. Die manuelle Präparation ist dagegen zeitlich so aufwendig, dass hier der Sinn einer Bildanalyse in Frage gestellt werden muss.

Um ein sinnvolles Herangehen zu ermöglichen, wurde die Materialgruppe in zwei Fallgruppen (Kurz- und Langfasern) unterteilt. Diese sind im Nachfolgenden beschrieben.

2.2.1.3.1 Kurzfasern (i.S. der Probenvorbereitung) bis 20 mm Länge
Proben dieser Kategorie sind vorab hinsichtlich ihrer Rieselfähigkeit zu testen. Ggf. sind Einzelfasern der Materialgruppe der beschränkt rieselfähigen Partikel zuzuordnen.

Abbildung 7   Links & Mitte Flockfasern, rechts faserförmige Mikroplastikpartikel

Ist die Rieselfähigkeit nicht gegeben, wird die Probe der Materialgruppe Kurzfasern zugeordnet. Beispiele für diese Materialgruppe sind Flockfasern (Abbildung 7). Diese sind in der Regel sehr homogen, da sie mit geringer Längentoleranz hergestellt werden. Auch faserförmige Mikroplastikpartikel sind hier einzuordnen. Eine Vorpräparation zur Eliminierung von Ausreißern ist nicht notwendig.

Kurzfasern können mittels Siebung (Abschnitt 2.3.1.2) vereinzelt und für die Bildanalyse präpariert werden. Auch hier kann zusätzlich ein Pinsel, ein Löffel oder ein Spatel als Separierhilfe eingesetzt werden. Für große Proben muss ggf. vor der Präparation eine Probenteilung (Abschnitt 2.3.1.1.2) erfolgen.

2.2.1.3.2 Langfasern (i.S. der Probenvorbereitung) > 20 mm Länge

Faserförmige Partikel, die länger als 20 mm sind, lassen sich nur noch schwer mittels Siebung vereinzeln. Solche Partikel sind die häufigste Probenform und weisen das höchste Probenaufkommen im Testalltag auf.

Langfaserproben werden in der Regel einem Faserballen bzw. textilen Vor- bzw. Zwischenprodukten entnommen. Sie sind mehr oder weniger stark verdichtet und bedürfen einer Voröffnung, um einzelne Fasern für die Messung entnehmen zu können. Dabei ist aufmerksam darauf zu achten, dass die Fasergeometrie als solche bei der Probenahme nicht beeinträchtigt wird. Beispiele für Langfasern sind in Abbildung 8 illustriert.

Für standardisierte Messmethoden insbesondere zur Messung der Faserlänge stehen gerätespezifische Methoden zur Probenvorbereitung zur Verfügung. Dabei wird die Faserprobe mechanisch parallelisiert und ggfs. zusätzlich endengeordnet. Für die statische bildanalytische Probenanalyse ist eine solche Probenvorbereitung nicht geeignet, da die Fasern auf diese Weise nicht hinreichend vereinzelt werden können.

Für Langfasern stehen mehrere Präparationsmethoden zur Verfügung. Empfohlen werden je nach Probenspezifik eine manuelle Vereinzelung mittels Pinzette (Abschnitt 2.3.1.6) oder Pressluft (Abschnitt 2.3.1.4) bzw. die Nasspräparation (Abschnitt 2.3.1.5, insbesondere für spröde Fasern wie Carbon, Glas oder Basalt).

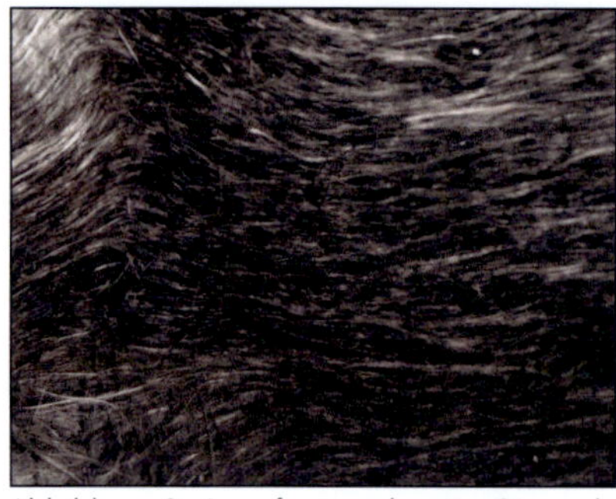

Abbildung 8   Langfaserproben im Sinne der Probenvorbereitung:
Hanffasern, Torffasern (oben) / Carbonfasern, Glasfasern (unten)

Für große Probemengen muss ggf. vor der Präparation eine Probenteilung (Abschnitt 2.3.1.1.2) erfolgen.

2.2.1.4 Schnittbündel

Schnittbündel stammen i.d.R. aus dem Recycling von Hochleistungsfasern, die als Randstreifen oder sonstiger Verschnitt bei der Produktion von Carbon- oder Glasfaser verstärkten Kunststoffen anfallen. Bei trockenen Resten (vor der Imprägnierung mit Harz) verhalten sich diese noch wie neuwertige Rovings und haben durch die anhaftende Schlichte einen recht guten Zusammenhalt. Bereits vorimprägniertes Material, fehlerhafte Bauteile oder Bauteile nach End-of-Life werden pyrolysiert, um die Faserfraktion zurückzugewinnen. Auch hieraus resultieren Rovingabschnitte, die aber ohne Schlichte nur geringen Zusammenhalt haben und oft in breiter Längenverteilung geliefert werden. Beispiele dafür sind:

- ➢ geschnittene Rovings (Carbon-/ Glas-/ Basaltfaserrovings u.a.),
- ➢ geschnittene Natur(lang)fasern,
- ➢ Garnabschnitte,
- ➢ weitere geschnittene strangförmige texile Halbzeuge.

Falls es sich um sehr kurz geschnittene Materialien mit gutem Faserzusammenhalt handelt, können die Proben auch der Gruppe der eingeschränkt rieselfähigen Partikel zugeordnet werden. Alle anderen Materialien mit i.d.R. > 10 mm Schnittlänge oder schlechtem Zusammenhalt sind als Schnittbündel zu betrachten.

Generell ist hier schon vor der Präparation wichtig, das Ziel der Analyse zu klären: die Analyse von Schnittbündeln zielt auf die Geometrie der **Bündel**, so dass daran Parameter wie Bündellänge, Bündelbreite, Schnittwinkel, Auflösungsgrad (Auftrennung in Einzelfasern) oder Aufspleißungsgrad (Bündelverbreiterung) etc. bestimmt werden können. Oft werden vom Auftraggeber aber andere Parameter wie die Geometrie der in den Bündeln enthaltenen Fasern, oder z.B. bei Schnittbündel-Faser-Mischungen ein Auflösungsgrad angefordert. Je nach Fragestellung muss das Material dann als Einzelfasern (d.h. mit zusätzlichem Auflösungsschritt in der Präparation) oder als (mehrfraktionales) Rezyklat betrachtet werden.

Für die Präparation sind deshalb zwei Wege sinnvoll, die einerseits kurze Schnittbündel mit Schlichte und andererseits alle anderen, d.h. lange Schnittbündel mit Schlichte sowie alle Schnittbündel ohne Schlichte umfassen. Wichtig ist in diesem Zusammenhang, dass die jeweilige Präparation die Schnittbündel als solche erhält und so die Messung der Bündel als Ganzes ermöglicht (Länge, Breite, Grad der Aufspleißung etc.).

2.2.1.4.1 Schnittbündel kurz mit gutem Zusammenhalt

Kurze Schnittbündel mit Schlichte umfassen i.d.R. Schnittlängen bis zu 30 mm. In Einzelfällen können auch längere Schnittbündel bis ca. 50 mm auf diese Weise präpariert werden.

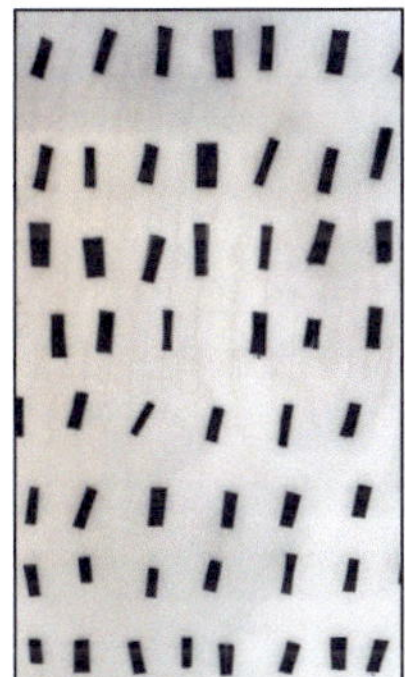

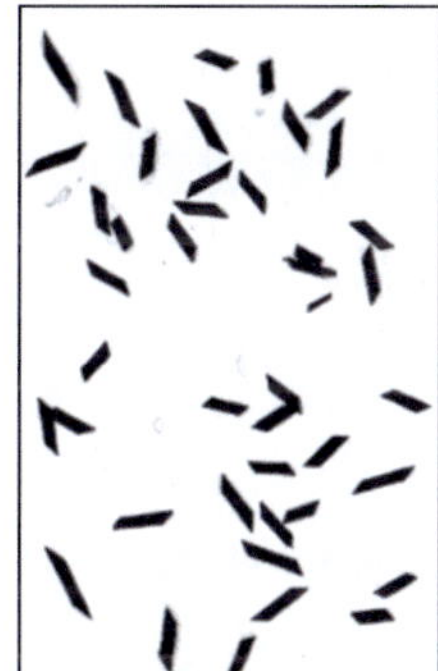

Abbildung 9   Kurze Schnittbündel, rechtwinklig geschnitten aus Carbon-/ Glas-/ Basaltfasern sowie schräg geschnitten aus Carbonfasern (v.l.n.r.).

Typische Materialien sind in Abbildung 9 dargestellt. Ob die Schnittbündel definiert rechtwinklig geschnitten sind oder wie in rechts im Bild schräg, ist nicht von Bedeutung. Auch die Materialart (im Bild Carbon-, Glas- und Basaltfaser) hat keinen Einfluss. Entscheidend sind die eingeschränkte Rieselfähigkeit und die Anforderung, dass sich die Bündel bei der Präparation nicht in Einzelfasern auflösen.

Entsprechend kann die Präparation durch Siebung (Abschnitt 2.3.1.2) erfolgen. Um bei den Schnittbündeln ein Splitten in mehrere Teile bzw. in Einzelfasern zu vermeiden, kann anstelle der Siebung auf ein vereinfachtes manuelles Rütteln (Abschnitt 2.3.1.3) zurückgegriffen werden. Falls zu viele Überlagerungen erfolgen und eine Messung damit nicht sichergestellt werden kann, sollte eine manuelle Nachpräparation vorgenommen werden, um Überlagerungen zu entfernen. Für große Probemengen muss ggf. vor der Präparation eine Probenteilung (Abschnitt 2.3.1.1.2) erfolgen.

Materialproben in Form von Schnittbündeln eignen sich auch zur Präparation in Folie (Abschnitt 2.3.1.8).

2.2.1.4.2 Schnittbündel lang oder mit schlechtem Zusammenhalt

In diese Kategorie fallen alle Schnittbündel, die nicht nach dem im vorangegangenen Abschnitt beschriebenen Schema präpariert werden können (s. Abbildung 10 und Abbildung 11). Das umfasst einerseits Schnittbündel mit Schlichte (Produktionsreste), die sich aufgrund ihrer Länge und entsprechender Biegeschlaffheit nicht für eine Siebung oder das Rüttelverfahren eignen, sowie andererseits Schnittbündel aus der Pyrolyse mit stark unterschiedlicher Länge und nur noch sehr geringem Zusammenhalt.

Abbildung 10 Beispiele für Schnittbündel: Glas / Hanfbast / Kenaf (v.l.n.r.)

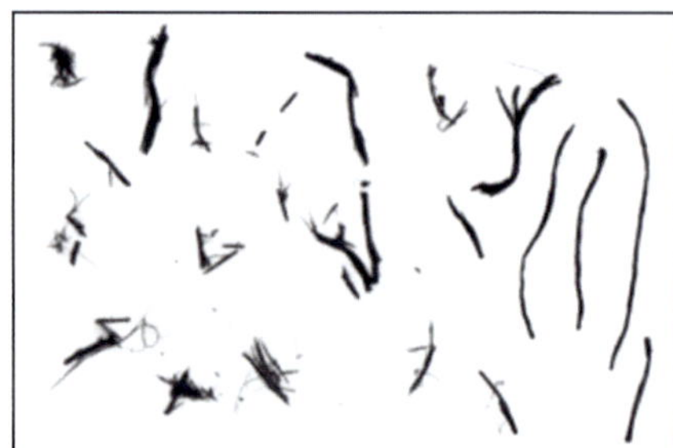

Abbildung 11 Lange Carbonfaserschnittbündel aus Produktionsresten (links) und aus Pyrolyse (rechts)

Beispielhaft sind in Abbildung 11 die Aufnahmen langer Schnittbündel aus Produktionsresten sowie nach Pyrolyse gezeigt. Die Pyrolysefasern ohne Schlichte zeigen wie zu erwarten starke Auflösungserscheinungen. Aber auch bei den lang geschnittenen Produktionsresten muss nach Verpackung, Transport und Probenahme immer mit zumindest teilweiser Auflösung gerechnet werden. Hier sind im Vergleich zu kurzen Schnittbündeln die einwirkenden mechanischen Kräfte hinsichtlich des Erhalts der Bündelstruktur größer.

Für diese Art von Proben kommt nur eine manuelle Präparation (Abschnitt 2.3.1.6) in Frage. Diese kann auch als Präparation in Folie (Abschnitt 2.3.1.8) erfolgen.

2.2.1.5 Rezyklate

Rezyklate sind mehrfraktionale Mischungen, die i.d.R. aus einem textilen oder anderen Rezyklierungsprozess stammen. Auch andere Mischungen aus verschiedenen Materialfraktionen werden dieser Materialklasse zugeordnet. Beispiele hierfür sind:

> ➤ Textilrezyklate, die oft aus Flächenresten/Randstreifen, Garnresten und bereits vereinzelten Fasern bestehen,
> ➤ aus Verbundwerkstoffen zurückgewonnene Faserfraktionen, z.B. Pyrolysefasern, die als Gemisch aus Flächen- und Rovingresten vorliegen,
> ➤ Reifenrezyklate, die meist aus Fasern und (Gummi-) Partikeln bestehen,
> ➤ andere Mischungen aller Art, die ohne Dispergierung nicht sinnvoll zu analysieren sind.

Durch die Besonderheit der mehrfraktionalen Zusammensetzung der Materialien dieser Klasse sind die resultierenden Methoden der Probenvorbereitung i.d.R. mit hohem Aufwand verbunden. Umso wichtiger ist es daher für diese Art von Proben, im Vorfeld das Ziel der Analyse zu klären. Oft sind einzelne, wesentliche Parameter mit wenig Aufwand zugänglich, während die Vollanalyse nur nach einer manuellen Separation in die einzelnen Materialfraktionen erfolgen kann. Diese ist oft zeitlich so aufwendig, dass im Vorfeld die Relation des Nutzens der Analyse im Verhältnis zum Arbeitszeitaufwand diskutiert werden muss. Es ist nach Rücksprache mit dem Auftraggeber häufig sinnvoll, die Analyse auf diejenigen Parameter zu beschränken, die mit weniger Aufwand in der Probenvorbereitung erfasst werden können.

2.2.1.5.1 Einfraktionale Rezyklate

Im Textilrecycling werden die erfassten Abfälle materialspezifisch sortiert. Dabei können im besten Fall sortenreine Materialien wie z.B. Jeans oder T-Shirts aus 100 % Cotton (s. Abbildung 12) separiert werden. Bei der vorgelagerten Erfassung von Produktionsabfällen der unterschiedlichen Stufen der Wertschöpfungskette ist diese stoffliche Trennung deutlich einfacher realisierbar. Ziel ist es, solche hochwertigen Abfälle als Rohstoff zu deklarieren und dem Verarbeitungsprozess in geeigneter Form wieder zuzuführen.

In wiederaufbereiteter Faserform sind solche Reststoffe erneut in Garne und textile Flächen rückführbar. Die Fasern (s. Abbildung 12) werden mit Hilfe eines Reißprozesses durch den Einsatz mechanischer Energie zurückgewonnen. Für ihre weitere Verarbeitung müssen sie charakterisiert werden.

Abbildung 12 T-Shirtabfall aus 100 % Cotton (links) bzw. Aramid – gerissen (rechts)

Die Probenvorbereitung sortenreiner = einfraktionaler Rezyklate zur Eigenschaftsanalyse erfolgt längenabhängig (Abschnitt 2.2.1.3.1 oder 2.2.1.3.2).

2.2.1.5.2 Mehrfraktionale Rezyklate

Im häufigsten Fall entstehen im Recyclingprozess Mehr- bzw. Multimaterialmixe. Abhängig vom zukünftigen Verwertungszweck ist es sinnvoll, die einzelnen Fraktionen zu detektieren und ggf. separat zu charakterisieren.

Abbildung 13 Teppichrezyklat Foto (links) und Graustufenscan (rechts)

Dafür ist eine vorgeschaltete Aufteilung der Probe in die verschiedenen Bestandteile zwingend notwendig, um Art und Anzahl der unterschiedlichen Materialfraktionen zu ermitteln. Anschließend ist eine materialspezifisch getrennte Probenvorbereitung vorzunehmen. Je nach Länge der vorliegenden faserförmigen Partikel können die Probenbestandteile gesiebt,

mittels Pinzette einzeln präpariert, mittels Luft oder auch nass separiert werden. Beispiele sind in den folgenden Abbildungen dargestellt. Abbildung 13 zeigt links als Foto ein Teppichrezyklat mit den typischen flächigen Resten, Garnstücken der Polfäden sowie aus dem Teppichrücken sowie Einzelfasern nach der Separation mittels Druckluft und im Vergleich dazu rechts den Graustufenscan derselben Probe.

Dieser ermöglicht bei diesem Auflösegrad keine detaillierte Analyse der einzelnen Fraktionen; allerdings kann z.B. anhand der unterschiedlichen Graustufenbereiche, in denen Flächen, Garne und Fasern abgebildet sind, sehr schnell eine ungefähre Bestimmung der Anteile der Fraktionen erfolgen.

Abbildung 14 Sisal Teppichboden: Unterschiedliche Materialfraktionen nach dem Reißen

Abbildung 14 zeigt den Graustufenscan eines gleich behandelten Sisalteppichrezyklats. Auch hier ist die Analyse der Fraktionsanteile via Graustufen gut möglich. Gleichzeitig kann man gut die andere Struktur des Rückens als nahezu reine Gewebekonstruktion erkennen. Entsprechend der stark unterschiedlichen Probenzusammensetzungen und den Anforderungen an die zu messenden Parameter ist eine angepasste Probenvorbereitung zu wählen. Wenn es um die reine Massezusammensetzung der Fraktionen geht, ist die Druckluftpräparation (Abschnitt 2.3.1.4) die schnellste und sinnvollste Variante. Sollen dagegen Garn-

oder Faserfraktion analysiert werden, ist ein vorgeschaltetes manuelles Aussortieren der Flächen (Abschnitt 2.3.1.6) unerlässlich. Bereits hier kann der Zeitaufwand eine bis mehrere Stunden umfassen. Erst anschließend kann die Garn- und Faserfraktion weiter präpariert werden. Im einfachen Fall ist eine Präparation im Druckluftverfahren möglich, um anschließend z.B. Garn- und Faserbreiten, nicht jedoch die Längen messen zu können. Die Abschätzung der Anteile ist auch hier wieder über die Graustufen möglich.

Die weitere Auftrennung in Garn- und Faseranteile ist zwar manuell möglich aber mit erheblichem Zeitaufwand (> mehrere Stunden) verbunden. Die einzelnen Elemente können im Sinne einer manuellen Präparation (Abschnitt 2.3.1.6) direkt gelegt oder alternativ direkt auf Folie (Abschnitt 2.3.1.8) präpariert werden. Je nach Material ist auch eine Nasspräparation nach Abschnitt 2.3.1.5 möglich. In jedem Fall ist bis zur Analyse der Einzelkomponenten mit einem hohen Zeitaufwand zu rechnen, der einen Arbeitstag durchaus überschreiten kann.

2.2.2 AP 2b: Ergänzung um noch nicht enthaltene Fallgruppen

Insgesamt führt das Prinzip zu einem klar strukturierten Schema (vgl. Abbildung 15), bei dem eine neue Probe zunächst in eine der Materialgruppen einklassiert wird. Innerhalb der Gruppe erfolgt dann ggf. die Zuweisung zu einer Fallgruppe und darin die Abarbeitung des zugehörigen Fragenkatalogs. Am Ende ergibt sich daraus die Zuordnung einer adäquaten Methode zur Probenvorbereitung.

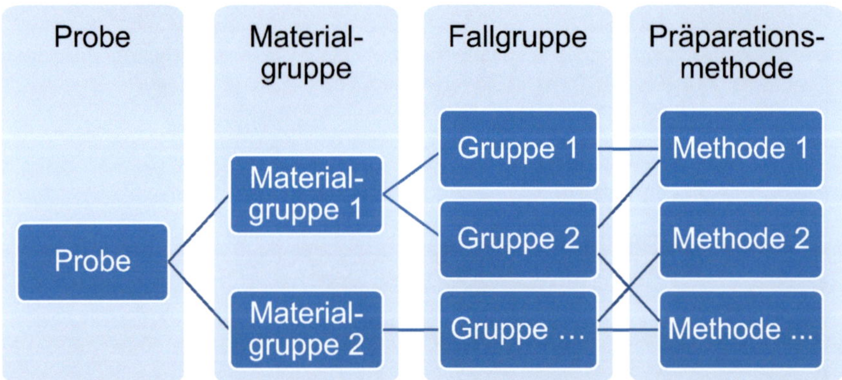

Abbildung 15 Schema der Probenklassierung und Zuordnung der Präparationsmethoden

Wie in Abbildung 15 zu erkennen ist, hängen die Präparationsmethoden nicht direkt von den Material- bzw. Fallgruppen ab. So können nach Abarbeitung des Fragenkatalogs je nach Antwortschema unterschiedliche Präparationsmethoden für Proben derselben Fallgruppe sinnvoll sein. Umgekehrt kann auch für Proben aus unterschiedlichen Materialgruppen dieselbe Präparationsmethode erforderlich sein.

Dieses mehrdimensionale Clustering erlaubt relativ einfach die spätere Ergänzung um noch nicht enthaltene Fallgruppen. Dadurch erfolgte die Aufnahme weiterer Fallgruppen sukzessiv im Laufe der Arbeiten. I.d.R. konnten hier weitere Materialien in vorhandene Materialgruppen aufgenommen werden. Dabei wurden teilweise auch die Gruppennamen in Richtung weiter gefasster Oberbegriffe geändert. Dies führte z.B. zur Bündelung der Kurz- und Langfasern sowie der nativen Hohlfasern zu Fallgruppen einer gemeinsamen Materialgruppe „Einzelfasern".

Analog zur Probensammlung blieben die Partner auch in dieser Hinsicht offen für von außen an sie herangetragene weitere Fragestellungen.

2.3 AP 3: Entwicklung von vereinheitlichten Vorschriften

Im Arbeitspaket 3 wurden vereinheitlichte Vorschriften für die Probenvorbereitung der verschiedenen Fallgruppen unter Berücksichtigung bereits erfolgter Lösungen entwickelt. Dies wurde begleitet durch die Erarbeitung von Empfehlungen zu sinnvollen Analyse- und Auswertungsparametern für die einzelnen Fallgruppen, die eine Einhaltung der DIN ISO 9276-x gewährleisten. Das AP gliederte sich in die Unterpakete *Entwicklung vereinheitlichter Vorschriften für die einzelnen Fallgruppen* und *Erarbeitung von Empfehlungen zu sinnvollen Scan- und Auswertungsparametern für alle ermittelten Fallgruppen*, die in den folgenden Unterabschnitten beschrieben werden.

2.3.1 AP 3a:Entwicklung vereinheitlichter Vorschriften für die einzelnen Fallgruppen

Die Entwicklung der vereinheitlichten Vorschriften folgt streng dem Schema, das sich aus dem Clustering (vgl. Abschnitt 2.2.1) ergibt. Nach Zuordnung einer Probe zu einer Materialgruppe und der (soweit zutreffend) Beachtung von Kundenwünschen müssen in dieser Reihenfolge die Fragen nach Homogenität und erforderlicher Probenmenge in einem vorgegebenen Rahmen beantwortet werden. Daraus ergibt sich schließlich, ob eine Vorpräparation erforderlich ist und schlussendlich die Art der vorzunehmenden Präparation.

Die Homogenität kann z.B. Partikel von Pulver bis zu >10 cm langen Spänen, mehrfaktionale Mischungen oder miteinander verschlungene Fasermaterialen umfassen. Diese sind jeweils mit möglichen Fallgruppen von Vorpräparationen verknüpft, von denen einige hier auszugsweise in Form von Beispielen aufgezählt sind:

> ➢ Sichtung, Siebgröße festlegen
> ➢ Mit Pinsel durch Sieb dispergieren
> ➢ Schlichte in Ethanol entfernen
> ➢ 1. Schlichte in Ethanol entfernen; 2. Filamente in Ethanol vereinzeln

Die Arten der Vorpräparation sind in Abschnitt 2.3.1.1 eingehend beschrieben. Die sich daraus ergebende Art der Probenpräparation (direkt bzw. nach Vorpräparation) kann nun für die unterschiedlichen Fälle detailliert beschrieben werden, wobei sich die Parameter (z.B. Siebgrößen, Art der Spatel oder Pinzetten etc.) auch bei gleicher Präparationsart entsprechend des Falls unterscheiden können.

Dem vorgeschaltet sind hier Hinweise zu Regelwerken zur repräsentativen Probenahme im folgenden Text.

Letztlich muss jede zur Analyse bereitgestellte Probe für das zu untersuchende Material repräsentativ sein. D.h. bereits die Probenahme muss dieser Anforderung genügen. Die Probenahme liegt zwar i.d.R. in der Verantwortung des Lieferanten, kann jedoch auch Bestandteil des Analyseauftrags sein. In diesem Fall sollte die Probenahme nach Norm erfolgen, soweit möglich. Beispiele dafür sind:

➢ Die Norm zur Probenahme an Textilien ist die DIN EN 12751:1999 [12].

➢ Für die Probenahme von rezyklierten Carbonfasern aus den Liefergebinden wurden im Projekt „RecyCarb" ein Probenahmeschema und ein darauf basierendes Analyseschema entwickelt. Die Ergebnisse sind als Kurzbeschreibung [13] sowie als Schlussbericht [14] publiziert.

➢ Die Probenahme an Partikeln ist z.B. geregelt durch ISO 14488:2007-12 mit AMD 1:2019-11 [15].

Häufig gibt es noch weitere werkstoffspezifische Normen oder Anleitungen des Herstellers des Analysesystems, die ebenfalls genutzt werden können, um eine repräsentative Probenahme sicherzustellen.

Die eigentlichen Präparationsmethoden sind in den nachfolgenden Unterabschnitten 2.3.1.2 – 2.3.1.8 dargestellt. Die ausführliche Beschreibung befindet sich ebenso in den Abschnitten 5.2 – 5.8 des Referenzhandbuchs [16].

Zur visuellen Verdeutlichung der einzelnen Methoden können Videos aus dem Internet abgerufen werden. Die Links dazu befinden sich als Text und QR-Code am Ende des jeweiligen Unterabschnitts.

2.3.1.1 Vorpräparation

2.3.1.1.1 Probenmischung

Wenn das Probenmaterial bereits inhomogen angeliefert wird, muss es zunächst durchmischt werden, bevor die Teilprobe für die Messung zu entnommen wird. Dies ist z.B. daran zu erkennen, dass sich im unteren Teil des Probenbeutels sehr feines Material befindet, während der obere Teil überwiegend grobes Material enthält (s. Abbildung 16).

Bei Textilrezyklatproben können große Flächenstücke gehäuft in einem kleinen Bereich der Probe liegen; in partikelförmigen Proben wie z.B. Schäben können einzelne Objekte vorliegen, die weit länger als der Rest des Materials sind.

Generell sollte in solchen Fällen vorab mit dem Probengeber geklärt werden, ob solche Teilfraktionen (in diesen Beispielen Staubanteil, Flächenstücke im Rezyklat oder überlange Schäben) überhaupt mit zu messen sind oder besser als Ausreißer vor der Präparation entfernt werden sollten. Erst danach ist die Mischung der Probe vorzunehmen.

Zum Mischen wird die Probe in ein geeignetes Gefäß (z.B. Becherglas, kleine Schüssel) gegeben und mit einem Löffel mehrfach schonend durchgerührt, bis sie visuell homogen vorliegt. Aus dieser gemischten Probe werden nun die zu messenden Teilproben entnommen. Dazu kommt je nach Art der Probe ein Spatel oder (bei größeren Partikeln / Schäben) ein Löffel entsprechender Größe zum Einsatz. Alternativ kann die Probe auch wie im folgenden Abschnitt 2.3.1.1.2 beschrieben geteilt werden, um für die Messung kleine Teilproben zu erhalten.

Abbildung 16 Probenbeutel mit Schäben:
      inhomogene Probe mit Staub unten im Beutel (links) und überlangen Schäben
      oben im Beutel (rechts)

Bei Textilrezyklaten und anderen Proben, bei denen dieses Vorgehen nicht funktioniert, müssen die großen Bestandteile manuell entnommen und ihr Anteil durch Wägung ermittelt werden. Die Restprobe kann auch in diesem Fall dann durch Teilung (Abschnitt 2.3.1.1.2) so weit verkleinert werden, dass sie gemessen werden kann.

2.3.1.1.2 Probenteilung
Für partikelförmige Proben gibt es eine große Auswahl an Laborgeräten, die z.T. auch automatisiert sind (Riffelteiler, Rotationsteiler etc.). Diese sind jedoch i.d.R. nicht anwendbar für textile oder mehrfraktionale Proben und zudem auch nicht in jedem Bildanalyselabor verfügbar.
Für die hier vorgestellten Präparationsmethoden genügt es aber normalerweise, eine manuelle Probenteilung vorzunehmen. Diese kann wie im Folgenden beschrieben durchgeführt werden: der gesamte Inhalt des Probenbeutels wird auf einen farblich kontrastierenden Untergrund geschüttet, so dass ein pyramidenförmiger Haufen entsteht (s. Abbildung 17 o.l.). Als Untergrundfarbe zu empfehlen ist schwarz oder dunkelblau für helle, sowie weiß für dunkle Proben. Wenn es Probleme mit statischer Aufladung gibt oder die Probe Kratzer im Untergrund verursachen kann, sollte eine entsprechend farbige Glasplatte oder eine normale Glasplatte über entsprechend farbigem Untergrund benutzt werden.
Nun wird ein Stahllineal vorsichtig mittig durch den Haufen gezogen und anschließend dazu benutzt, durch vorsichtiges vor- und zurückbewegen beide Hälften auseinander zu schieben

(Abbildung 17 u.l.). Am Lineal mitgezogene Objekte müssen zu etwa gleichen Teilen manuell auf beide Hälften verteilt werden. Anschließend wird die eine Hälfte entfernt, und die andere kann wie beschrieben nochmals halbiert werden. Dieser Vorgang kann so oft wiederholt werden, bis die Probenmenge die Größe einer messbaren Teilprobe erreicht hat (Abbildung 17 u.r.). In Abbildung 17 u.r. sind neben den Teilproben bereits aussortierte Ausreißer platziert. Mit dieser Methode lässt sich auch bei schwierigen Materialien eine reproduzierbare Teilung erreichen.

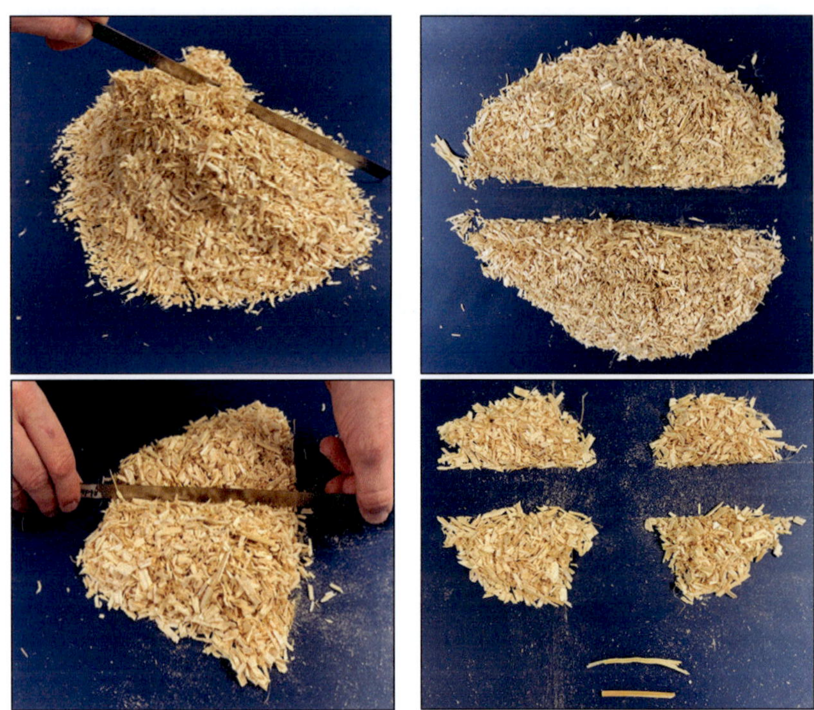

Abbildung 17 Probenteilung von Hanfschäben mit Stahllineal: Gesamtprobe (o.l.), nach erster Teilung (o.r.), Teilung mit Lineal vor und zurück (u.l.) und nach letzter Teilung mit Ausreißern (u.r.).

Wenn der Verdacht besteht, dass eine Probe noch sehr inhomogen ist, sollten die Teilproben aus verschiedenen Teilbereichen der Probe entnommen werden.
Alternativ zum Stahllineal gibt es im Laborhandel für partikelförmige Proben auch Teilerkreuze, die aber für faserhaltige Materialien nicht gut geeignet sind.

2.3.1.1.3 Extraktion von klebrigen Bestandteilen

Klebrige Bestandteile von Proben sind z.B. eine klebrige Schlichte auf Fasern oder die äußere Fettschicht von gerösteten Kaffeebohnen. Diese lassen sich meist durch eine einfache Extraktion mit Lösungsmittel bei Raumtemperatur durch Schütteln in einem Erlenmeyerkolben oder Becherglas entfernen, ohne dabei die Geometrie der Probe zu beeinflussen. Zum Einsatz kommen i.d.R. Standardlösungsmittel wie Ethanol oder Isopropanol. Die Extraktion sollte mindestens zweimal erfolgen, um möglichst keine Rückstände auf der Probe zu behalten. Nach der Extraktion kann die Probe z.B. auf einem fusselfreien Papier bei Raumtemperatur trocknen und anschließend für die Messung präpariert werden.

Für Spezialfälle (bei bekannter verklebender Substanz) können auch andere Lösungsmittel benutzt werden, sofern diese die Probengeometrie nicht beeinflussen. Ggf. muss dies in entsprechender Laborumgebung erfolgen.

2.3.1.2 *Siebung*

Die Siebung ist eine in der Bildanalyse weit verbreitete Methode. Sie wird in Hersteller- [17] oder Rundtestvorschriften [10] in unterschiedlichen Formen beschrieben. Für dieses Handbuch wurde daraus eine vereinheitlichte Vorschrift entwickelt, die ein vergleichbares Arbeiten in unterschiedlichen Laboren ermöglicht. Der wichtige Unterschied zur üblichen Siebung ist, dass die Siebe hier weniger als Trennmethode, sondern eher als Dispergierhilfe eingesetzt werden.

Im folgenden Abschnitt wird die empfohlene Methode beschrieben. Der anschließende Abschnitt 2.3.1.2.2 beschreibt als Hilfe zur Vermeidung weitere Varianten, die sich als nicht zielführend erwiesen haben.

2.3.1.2.1 Empfohlene Methode zur Siebung

Für die Siebung werden Edelstahlrundsiebe mit Rand und unterschiedlichen Maschenweiten des eingesetzten Drahtgewebes empfohlen (z.B. Analysensiebe nach DIN ISO 3310-1 [18], Haver & Boecker OHG, Oelde). Als sinnvoll für die Siebauswahl zur Abscheidung unterschiedlicher Partikelgrößen wird eine schrittweise Halbierung der Maschenweite für die Siebauswahl empfohlen.

Die Siebgröße ist anhand der Partikelgeometrie vorab zu testen und die Maschenweite von grob nach fein festzulegen. Für eine reproduzierbare Messung und Vergleichbarkeit zwischen verschiedenen Laboren ist die Verwendung von genormten Sieben z.B. nach DIN ISO 3310-1 [18] vorzuziehen, da anhand der Angabe der Norm die Verwendung identischer Maschenweiten sichergestellt werden kann.

Oft genügt es, nur ein Sieb als Dispergierhilfe zu benutzen. Die Siebgröße kann wie folgt ermittelt werden: fällt die Probe von selbst (nahezu) komplett durch das Sieb, ist die Maschenweite zu grob gewählt. Verbleiben dagegen auch nach Rütteln und Pinseleinsatz noch nennenswerte Teile der Probe im Sieb, ist ein Sieb mit größerer Maschenweite zu wählen.

Die Dispergierung mittels Sieb ist in Abbildung 18 dargestellt. Verbleibende Agglomerate (rot eingekreist) müssen manuell aufgelöst oder in der Analysesoftware ausgeschlossen werden.

Für gut rieselfähige Partikel mit breiterer Größenverteilung lassen sich die Siebe in Form eines Siebturms formschlüssig von grob nach fein über einer kontrastreichen Unterlage stapeln (s. Abbildung 19). Die Siebbewegung kann mittels Rüttelturm automatisch unterstützt oder rein manuell eingeleitet werden.

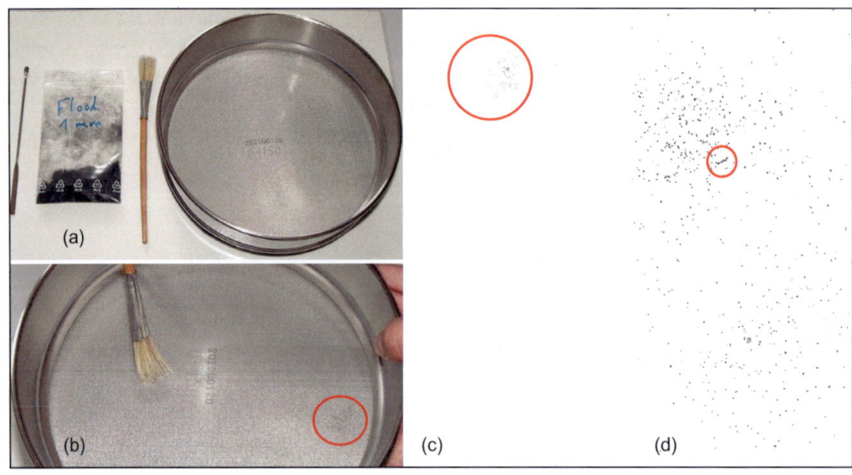

Abbildung 18 Dispergierung mittels Sieb: (a) notwendige Materialien, (b) Dispergierung mit Hilfe eines Pinsels, (c) dispergierte Flockfasern und (d) dispergiertes Sand. Rot eingekreist verbleibende Agglomerate [19].

Abbildung 19 Siebturm aus drei Sieben (Maschenweite 20/10/5 mm) von oben: grob nach unten: fein

Abbildung 20 Abgeschiedene Partikelfraktion bei 10 mm Siebmaschenweite

Jede Partikelfraktion wird der Größe nach in den einzelnen Sieben unterschiedlicher Maschenweite abgeschieden (s. Abbildung 20). Der jeweilige Siebinhalt kann sowohl separat bildanalytisch erfasst als auch in einem Gesamtbild mittels Scans erfasst werden. Dafür sind die einzelnen Siebinhalte auf der Unterlage bzw. dem Scannerglas zu sammeln. Bei der getrennten Erfassung der Siebinhalte vom Flachbettscanner werden Einzelaufnahmen getätigt. Diese müssen anschließend für die bildanalytische Auswertung gebündelt werden, um die gesamte Probe zu erfassen.

Demonstrationsvideo zum Sieben von Partikeln (Sand): https://www.stfi.de/pruefung/probenvorbereitung/vorbereitung-von-proben-fuer-die-statische-bildanalyse#c15781 Falls der Link nicht funktioniert bitte in die Zwischenablage kopieren und in die Adresszeile des Browsers einfügen.	
Demonstrationsvideo zum Sieben von Kurzfasern (Flock): https://www.stfi.de/pruefung/probenvorbereitung/vorbereitung-von-proben-fuer-die-statische-bildanalyse#c15791 Falls der Link nicht funktioniert bitte in die Zwischenablage kopieren und in die Adresszeile des Browsers einfügen.	

2.3.1.2.2 Nicht funktionierende Varianten der Siebung

Ungeeignet ist die Siebung zur Dispergierung von langen Fasern oder textilen Rezyklaten. Der Versuch ist hier als „bad practice" dargestellt — bitte nicht nachmachen!
Wie in Abbildung 21 dargestellt, führt der Versuch einer Dispergierung von Textilrezyklaten mittels Siebturm auch mit Hilfe von Rütteln und nach Einsatz eines Pinsels nicht zum Erfolg. In Bildteil (a) ist das Sieb mit 20 mm Maschenweite dargestellt, in (b) zwei Ebenen darunter 5 mm Maschenweite und in (c) weitere zwei Ebenen darunter 1 mm Maschenweite. Es ist gut zu erkennen, dass auf jeder Siebebene unterschiedlich große Agglomerate verbleiben, die aber in keiner Weise repräsentativ für die jeweilige Siebgröße sind. In Bildteil (d) ist schließ-

lich die Auffangwanne mit vergrößertem Bildausschnitt dargestellt: einige Kurzfasern uns Staub sind hier angelangt. Diese stellen aber nur einen Bruchteil dieser Fraktion dar.

Auch weitere Hilfsmittel wie Einblasen von Druckluft etc. konnten das Dispergierergebnis im Siebturm oder Einzelsieben nicht verbessern. Die Siebung ist damit für diese Probenklasse als ungeeignet anzusehen!

Abbildung 21 Erfolgloser Dispergierversuch Textilrezyklat im Siebturm mit Siebweite (a) 20 mm, (b) 5 mm, (c) 1 mm und (d) Auffangwanne mit vergrößertem Ausschnitt.

2.3.1.3 Manuelles Rüttelverfahren

Als Hilfsmittel zur Aufnahme der Probe dient eine biegesteife Platte aus Kunststoff bzw. im einfachsten Fall aus (farbigem, evtl. einlaminiertem) Karton.

Die Probe wird in geringer Menge auf die Platte gegeben. Die Platte wird mit einer Hand festgehalten. Mit den Fingern der anderen Hand wird leicht an die (lange) Seitenkante oder die Unterseite der Platte getippt, um die Schnittbündel über die kurze Kante der Platte zu befördern bzw. hüpfen zu lassen (vgl. Abbildung 22). Während dieses manuellen Rüttelns wird die Platte so über das Scannerglas bzw. die Folie bewegt, dass sich die einzelnen Partikel / Objekte gut vereinzelt ablegen.

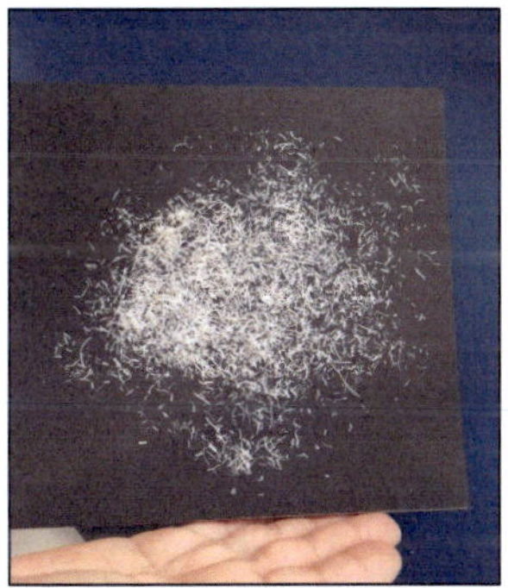

Abbildung 22 Probendispergierung mittels Rüttelplatte

Demonstrationsvideo zum Rütteln von Partikeln (Hanfschäben):
https://www.stfi.de/pruefung/probenvorbereitung/vorbereitung-von-proben-fuer-die-statische-bildanalyse#c15742
Falls der Link nicht funktioniert bitte in die Zwischenablage kopieren und in die Adresszeile des Browsers einfügen.

2.3.1.4 Druckluft

Rezyklate erweisen sich in der Probenvorbereitung als äußerst aufwendig. Manuelle bzw. rein mechanische Methoden der Präparation sind oft langwierig bzw. führen oft nicht zu einer für die Bildverarbeitung ausreichenden Separierung der einzelnen Probenbestandteile. Dieser Herausforderung lässt sich gut mit Druckluft begegnen. Im folgenden Abschnitt wird die empfohlene Methode beschrieben. Der anschließende Abschnitt 2.3.1.4.2 beschreibt als Hilfe zur Vermeidung weitere Varianten, die sich als nicht zielführend erwiesen haben.

2.3.1.4.1 Empfohlene Methode der Dispergierung mittels Druckluft

Um die Gesamtheit der Probe zu erhalten, ist sie in einen Druckverschlussbeutel (empfohlene Abmessungen 300 x 400 mm) zu platzieren. Zur Abfuhr überschüssiger Druckluft kann der Druckverschlussbeutel perforiert werden. Die Probemenge ist materialabhängig und sollte gering gehalten werden. Der Druckverschlussbeutel ist an der Druckkante bis auf eine Öffnung für die Druckluftpistole zu schließen. Für die Druckluftzufuhr kann ein verfügbarer Laboranschluss genutzt werden. Der Druck ist auf Minimalstellung einzuregeln.

Zur Vereinzelung sind einzelne Druckluftstöße (keine Dauerluftzufuhr!) auszulösen. Nach jedem einzelnen Druckluftimpuls ist der Auflösegrad der Probe zu begutachten (s. Abbildung 23). Wird die Anzahl der Druckluftimpulse übertrieben, ballen sich bereits gut vereinzelte Probenbestandteile wieder zu einem Knäuel zusammen. Dieses Phänomen ist bei den meisten untersuchten Materialien nicht reversibel, d.h. es muss eine weitere Probe präpariert werden, um den nötigen Vereinzelungsgrad ihrer Bestandteile zu erreichen.

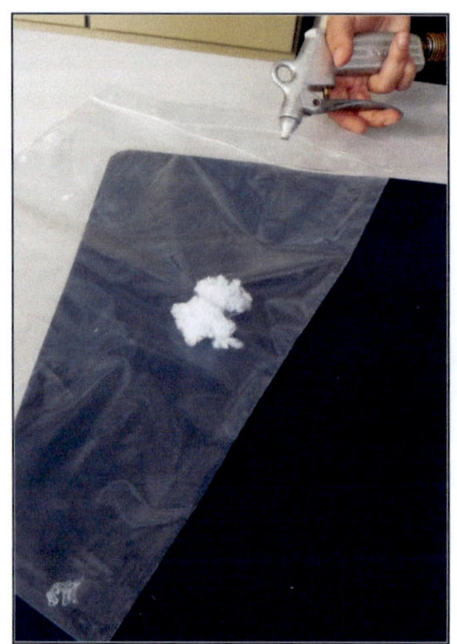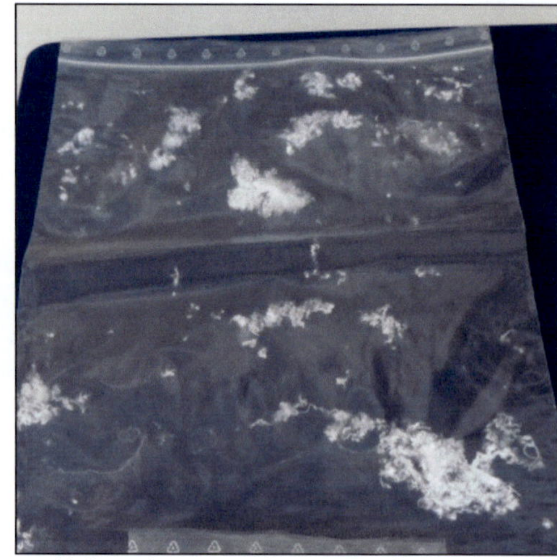

Abbildung 23 Probendispergierung mit Druckluft: Probe in Beutel zu Beginn (links)
und nach Dispergierung (rechts)

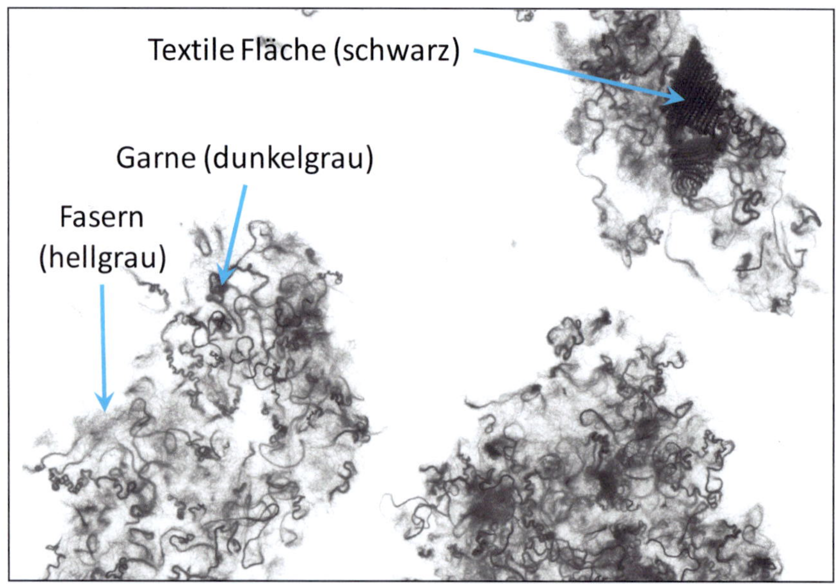

Abbildung 24 Graustufenscan derselben Probe: Textile Flächen erscheinen schwarz, Garne
dunkel- und Fasern Hellgrau [19] (modifizierte Darstellung).

Der Probenbeutel kann anschließend mit Hilfe eines festen Unterlage (DIN A3-Laminat genügt) direkt auf das Scannerglas transferiert und die Probe im Beutel gescannt werden. Im Graustufenscan (Abbildung 24) sind die Fraktionen Textile Flächen, Garne und Fasern anhand ihrer Grauwerte gut zu unterscheiden.

Demonstrationsvideo zum Druckluftverfahren (rezyklierter Jeansabfall):
https://www.stfi.de/pruefung/probenvorbereitung/vorbereitung-von-proben-fuer-die-statische-bildanalyse#c15680
Falls der Link nicht funktioniert bitte in die Zwischenablage kopieren und in die Adresszeile des Browsers einfügen.

2.3.1.4.2 Nicht funktionierende Varianten der Dispergierung mittels Druckluft

Die im vorangegangenen Abschnitt beschriebene funktionierend Variante der Dispergierung mittels Druckluft wirkt auf den ersten Blick etwas provisorisch. Dieser Eindruck wird einerseits durch die Verwendung einfacher Hilfsmittel gestützt, aber auch durch die wenig aerodynamische Geometrie eines Probenbeutels verstärkt. Es ist jedoch gerade diese Geometrie, die durch Verwirbelungen des Luftstroms an den langen Kanten und Ecken des Beutels dafür sorgt, dass eine Dispergierung der Probe durch Fliehkräfte innerhalb der Agglomerate erfolgen kann.

Ungeeignet sind dagegen die Unterstützung der Siebung zur Dispergierung von textilen Rezyklaten bzw. Aufbauten mit zyklonartiger Luftführung (d.h. laminarer Luftströmung ohne Verwirbelungen). Die Versuche sind hier als „bad practice" dargestellt — bitte nicht nachmachen!

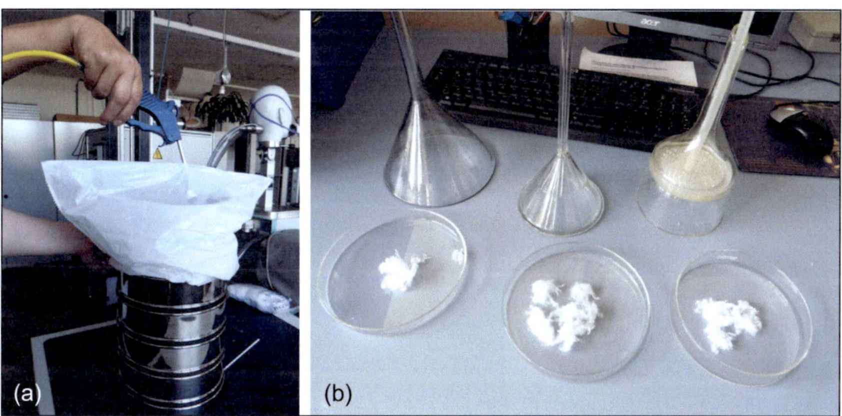

Abbildung 25 Erfolglose Dispergierversuche mittels Druckluft (a) als Unterstützung der Siebung und (b) Testaufbauten mittels zyklonartigem Luftstrom.

Im Verlauf des Projekts erfolgten mehrere Versuchsreihen mit dem Ziel, durch bessere Aerodynamik auch verbesserte Trennergebnisse zu erzielen. Diese führten alle nicht zum Erfolg. In Abbildung 25 sind als Beispiele mit Textilrezyklat (a) die erfolglose Druckluftunterstützung der Siebung und (b) Varianten mit zyklonartigem Luftstrom gezeigt.

Die Verwendung von Druckluft im Sieb oder Siebturm machte es erforderlich, dass ein Abfluss der Luft nach unten ermöglicht wurde (im Bild als Verzicht auf die Auffangwanne). Das führt dazu, dass die Dispergierung der Agglomerate in keiner Weise besser als ohne Druckluft erfolgt, aber gleichzeitig der Staub und Kurzfaseranteil, der sonst in der Auffangwanne aufgefangen würde, sich durch Druckluft getrieben im Raum verteilt. Einige größere Partikel sind in Bildteil (a) auf der blauen Unterlage zu identifizieren.

Auch Aufbauten zur Trennung im zyklonartigen Luftstrom (Bildteil (b)) führten nicht zum Erfolg. Hier wurde die Druckluft nach Eindichtung von Schale und Trichter unten tangential eingeblasen und konnte mit verschiedenen Geometrien im zirkularen Luftstrom nach oben entweichen. In keiner Variante konnte ein Dispergieren der Agglomerate erreicht werden, und auch hier entwich ein Teil der Kurzfaser- und Staubfraktion durch die Abluft.

2.3.1.5 In flüssigem Medium

Die hier vorgestellte Nasspräparation basiert auf einer Präparationsmethode, die für das System FIVER beschrieben wurde [11], [17]. Sie wurde für das im Projektverlauf entstandene Referenzhandbuch zur Probenvorbereitung weiter entwickelt und ist für solche Materialien von Vorteil, die sich trocken nur äußerst schwer bzw. nicht schädigungsfrei vereinzeln lassen. Bei der Nasspräparation ist zwingend das Quellverhalten der Materialprobe zu berücksichtigen. Als Medienbehälter werden Petrischalen oder Glaswannen (s. Abbildung 26), die speziell an die Scannerabmaße angepasst sind, eingesetzt. Für die bildanalytische Auswertung ist die Glasdicke bzw. die Wandstärke des Behälters zu beachten. Der Hersteller der Bildanalyse-Software erstellt dazu Empfehlungen bzw. bietet die Behälter als Zubehör an.

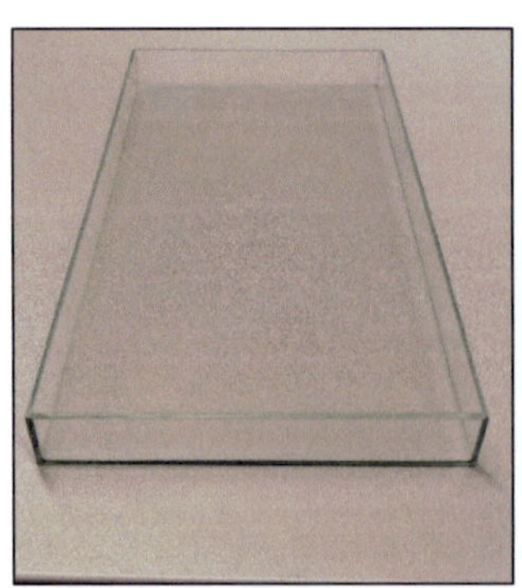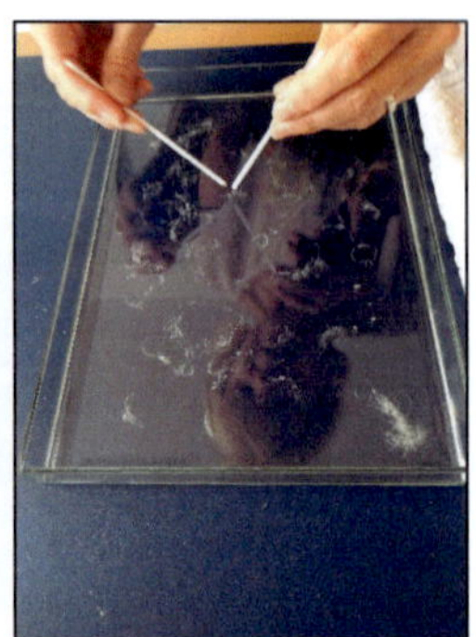

Abbildung 26 Nasspräparation in der Glasschale

Der Behälter wird auf dem Scannerglas positioniert und anschließend so mit Wasser gefüllt, dass nur der Boden bedeckt ist. Bei Bedarf kann Netzmittel (i.d.R genügt handelsübliches

Spülmittel) zur Reduzierung der Oberflächenspannung des Wassers dienen. Die Menge an Netzmittel muss klein sein (z.B. Spatelspitze, ein Tropfen), um Schaumbildung zu vermeiden. Die Faserprobe ist in so geringer Menge zu dosieren, dass eine Dispergierung in die einzelnen Probenbestandteile gegeben ist. Im Idealfall sind die Fasern so gut in der Flüssigkeit verteilt, dass sie sich nicht berühren. Als Dispergierhilfsmittel werden Kunststoffspatel (Rührspatel, 500er-Pack, Carl Roth GmbH, Karlsruhe) empfohlen, weil faserförmige Materialien an diesen kaum anhaften (s. Abbildung 26).

<table>
<tr><td>

Demonstrationsvideo zur Nasspräparation (rezyklierte Carbonfasern):
https://www.stfi.de/pruefung/probenvorbereitung/vorbereitung-von-proben-fuer-die-statische-bildanalyse#c15751
Falls der Link nicht funktioniert bitte in die Zwischenablage kopieren und in die Adresszeile des Browsers einfügen.

</td><td></td></tr>
</table>

2.3.1.6 Manuelle Probenpräparation

Für alle Materialien, bei denen die bisher dokumentierten Methoden zur Probenpräparation keine erfolgreiche Vereinzelung in die jeweiligen Bestandteile erlauben, ist die manuelle Separierung mit Hilfe von Pinzette oder Spatel anzuwenden (s. Abbildung 27 und Abbildung 31). Dafür ist die Probe in einzelne Teilproben geringerer Menge zu zerlegen und anschließend jeweils flächig auszubreiten. Dies dient zur Verschaffung eines Überblicks über die einzelnen Probenbestandteile.

Abbildung 27 Cotton-T-Shirts 1 x gerissen

Anschließend wird mit dem Aufnehmen einzelner Objekte mittels Pinzette oder Spatel begonnen, die auf dem Scannerglas bzw. der Folie berührungsfrei abzulegen sind. Dabei ist darauf zu achten, dass die jeweiligen Bestandteile der Probe in der präparierten Teilprobe entsprechend repräsentiert sind.

Abbildung 28 Aramidgewebe – 3 x gerissen: Flächen nach manueller Trennung

Abbildung 29 Aramidgewebe – 3 x gerissen: Garn- Fasermischung

Um die Anzahl der zu messenden Elemente für die bildanalytische Auswertung zu erhöhen, sind mehrere Scanvorlagen zu präparieren. Exemplarisch dargestellt sind in Abbildung 28 die Flächen aus einer Probe gerissenen Aramidgewebes, in Abbildung 29 die verbleibende Garn-/Fasermischung sowie in Abbildung 30 die manuell daraus präparierten Garnstücke.

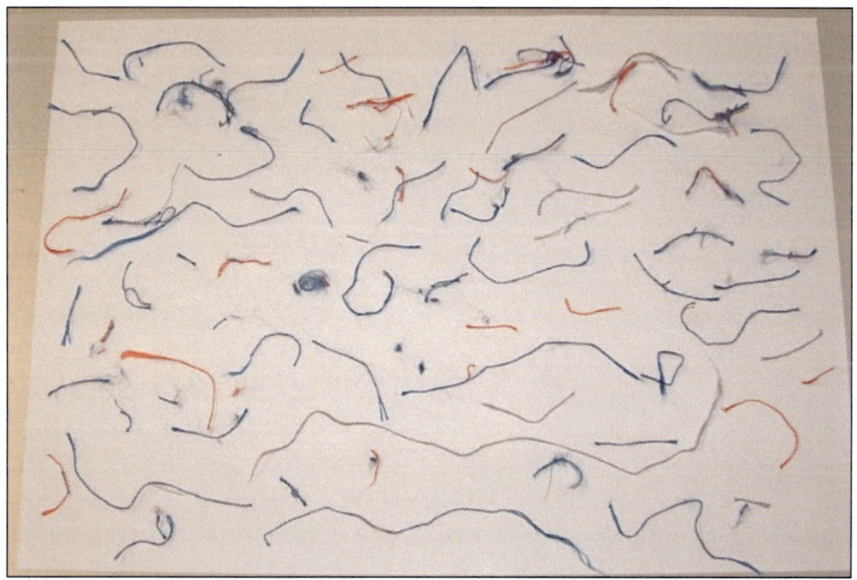

Abbildung 30 Aramidgewebe – 3 x gerissen: manuell herauspräparierte Garne

Abbildung 31 Manuelle Präparation zu einem quasi endengeordneten Faserbart

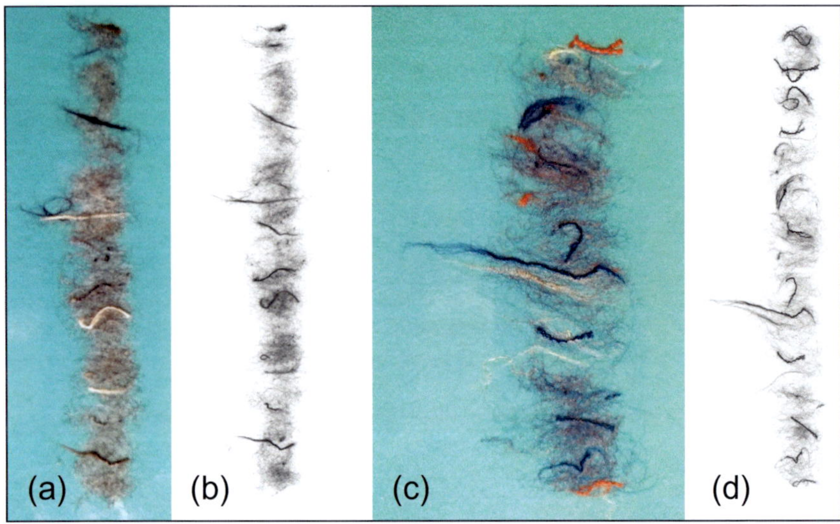

Abbildung 32 Reißfasern manuell als Faserbart präpariert (a), (c) — mit 300 dpi gescanntes Bild (b), (d)

Diese Präparationsmethode ist am zeitaufwendigsten. Sie bietet jedoch im Ergebnis reproduzierbare Kennwerte, wenn die Anzahl der gemessenen Elemente hoch genug ist. Daneben ist diese Methode für orientierende Messungen zur Gewinnung einer ersten Einschätzung zum Material zu empfehlen.

Eine weitere Variante ist das Ziehen und anschließende Ablegen von Faserbärten (s. Abbildung 31 bzw. Abbildung 32), die einen schnellen Überblick über die in der Probe vorhandenen Faserlängen ermöglichen. Dafür wird die zu präparierende Fasermenge beidhändig mit den Fingern aufgenommen und durch wechselseitiges Ausziehen in beide Richtungen manuell vergleichmäßigt. Anschließend werden die Fasern durch wiederholtes Ablegen und Ausziehen auf einer kontrastreichen Unterlage nahezu endengeordnet abgelegt.

Im Graustufenscan ist hier ähnlich wie beim Druckluftverfahren gut zwischen Garn- und Faserfraktion zu unterscheiden. Die Faserfraktion ist dabei stark gekräuselt und überlagert, so dass bildanalytisch keine Längenmessung der Fasen möglich ist. Für die Garnstücke kann je nach Vereinzelungsgrad eine Längenauswertung möglich sein.

Demonstrationsvideo zur manuellen Präparation (Teppichrezyklat):
https://www.stfi.de/pruefung/probenvorbereitung/vorbereitung-von-proben-fuer-die-statische-bildanalyse#c15798
Falls der Link nicht funktioniert bitte in die Zwischenablage kopieren und in die Adresszeile des Browsers einfügen.

Demonstrationsvideo zur manuellen Präparation (Faserbart Naturfasern): https://www.stfi.de/pruefung/probenvorbereitung/vorbereitung-von-proben-fuer-die-statische-bildanalyse#c15706 Falls der Link nicht funktioniert bitte in die Zwischenablage kopieren und in die Adresszeile des Browsers einfügen.	
Demonstrationsvideo zur manuellen Präparation (Faserbart Reißfasern): https://www.stfi.de/pruefung/probenvorbereitung/vorbereitung-von-proben-fuer-die-statische-bildanalyse#c15758 Falls der Link nicht funktioniert bitte in die Zwischenablage kopieren und in die Adresszeile des Browsers einfügen.	

2.3.1.7 Analyse der Faserbreite

Diese Methode ist NUR zur Messung der Breitenverteilung der Fasern geeignet. Benötigt werden ein dunkler Untergrund, zwei Pinzetten, eine scharfe Schere und (bei Präparation für den Diascanner) Diarahmen mit Glas oder je Teilprobe zwei entsprechend große Glasplatten als Unterlage sowie zur Abdeckung.

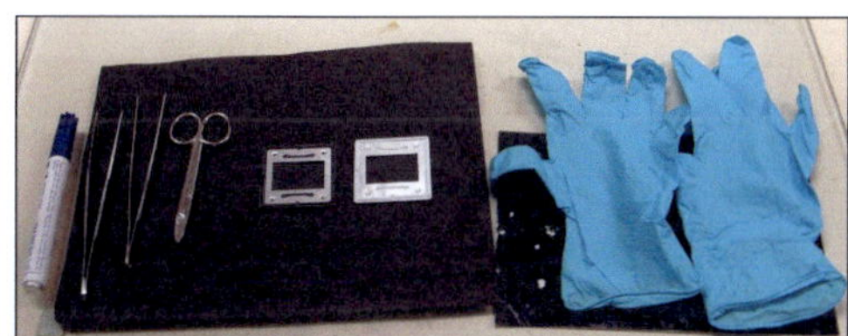
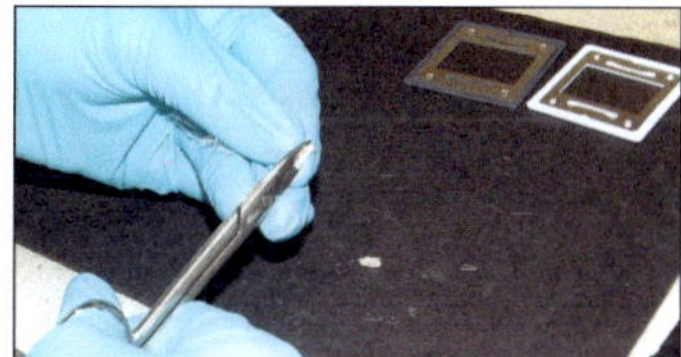
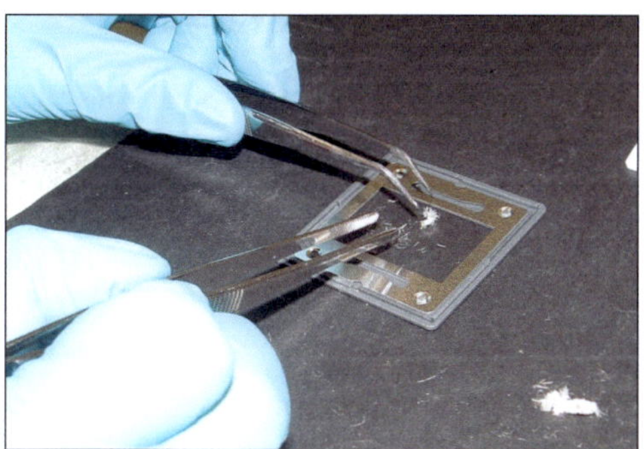

Abbildung 33 Probenvorbereitung für die Faserbreitenmessung: benötigte Materialien (o.l.), Abschneiden der Faserkollektive (o.r.), Aufbringen auf den Diarahmen (u.l.) und fertige Teilprobe (u.r.).

Die Faserprobe wird zunächst per Hand möglichst schonend parallelisiert und das Ende des Faserkollektivs abgeschnitten. Wie in Abbildung 33 (o.r.) dargestellt, werden anschließend vom Faserkollektiv etwa 2 mm lange Stücke abgeschnitten. Diese Stücke werden mit Hilfe von zwei Pinzetten wie folgt auf den Diarahmen verteilt: die Pinzette mit den lose gefassten Fasern wird vorsichtig auf die zweite darunter gehaltene Pinzette geschlagen, so dass aus dem Faserkollektiv die einzelnen Fasern bzw. Faserbündel herunterrieseln können ohne dabei beschädigt zu werden (Abbildung 33 u.l.). Auch hier gilt, eher weniger Probe je Diarahmen zu dosieren, um eine gute Messung zu ermöglichen. Anschließend wird der Diarahmen geschlossen und ist fertig zur Messung (Abbildung 33 u.r.).

Insgesamt sollten je Probe wenigstens vier Diarahmen präpariert werden, um eine hinreichend große Anzahl von Elemente für die Messung zu erreichen. Für eine aussagekräftige Statistik sollten mindestens 1000 Elemente in der Auswertung enthalten sein. Erfahrungswert der Autor*innen sind (je nach Art der Probe) etwa 1500 – 4000 Elemente auf vier Diarahmen.

<table>
<tr><td>

Demonstrationsvideo zur Präparation für die Faser<u>breiten</u>analyse (Wolle):   https://www.stfi.de/pruefung/probenvorbereitung/vorbereitung-von-proben-fuer-die-statische-bildanalyse#c15772

Falls der Link nicht funktioniert bitte in die Zwischenablage kopieren und in die Adresszeile des Browsers einfügen.

</td><td></td></tr>
</table>

2.3.1.8 Dauerpräparat in Laminierfolie

Dauerpräparate unterschiedlichster Proben dienen der Veranschaulichung der Probenbeschaffenheit in der Diskussion, im Kundengespräch, in Lehre oder Aus- und Weiterbildung. Als Probenträger dient Laminierfolie lt. Abbildung 34, die an die Scannerabmaße angepasst ist (i.d.R. DIN A4 oder DIN A3). Die Folie wird auf einer fremdfaserfreien, kontrastreichen Unterlage platziert und aufgeklappt. Um die elektrostatische Aufladung der zu präparierenden Materialien zu verhindern, werden die Innenseiten der aufgeklappten Folie mit Antistatikspray (z.B. „Antistatikspray 100", Carl Roth GmbH, Karlsruhe) besprüht. Das dient dazu, dass die auf der Folie platzierten Fasern in ihrer abgelegten Position verbleiben, wenn die Deckfolie zugeklappt wird. Das bereitstehende Laminiergerät ist vorzuheizen und eine flächige Ablage ist am Einzug fest zu positionieren.

Abbildung 34 Laminierfolie zur Probenarchivierung

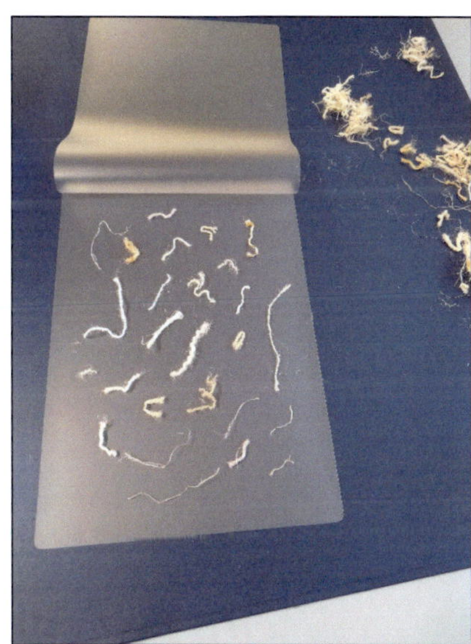

Abbildung 35 Manuelle Präparation auf Laminierfolie

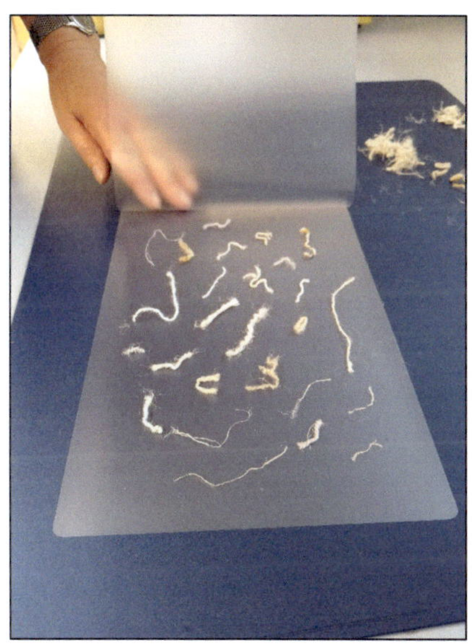

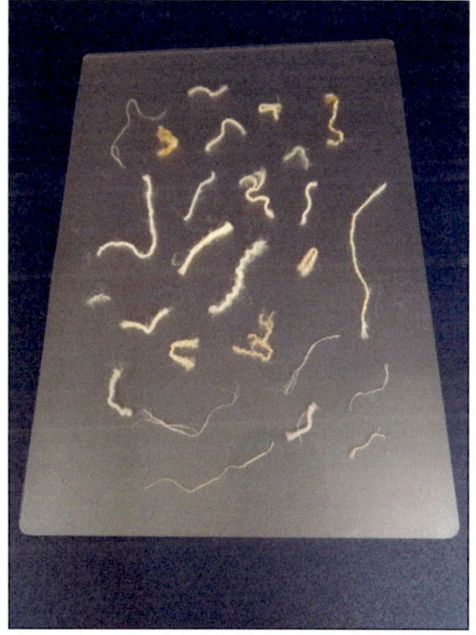

Abbildung 36 Schließen der Deckfolie (links), Präparat bereit zur Laminierung (rechts)

Nach dem kurzen Antrocknen des Sprays bzw. der Verteilung des Flüssigkeitsfilms mit einem fusselfreien Tuch wird mit der Ablage der Probenbestandteile mittels Pinzette begonnen. Die einzelnen Objekte berühren sich dabei nicht (s. Abbildung 35).

Ist die Folienfläche entsprechend ausgefüllt, wird die Deckfolie langsam und vorsichtig geschlossen, um ein Verschieben der Ablageposition der Objekte zu vermeiden (vgl. Abbildung 36). Anschließend wird die Folie auf eine feste Unterlage gezogen und an den Einzug des Laminiergeräts positioniert. Die Folie darf dabei zu keinem Zeitpunkt frei schweben oder gar durchhängen! Sie hat während des gesamten Einzugsvorgangs flächig auf der Einzugsablage aufzuliegen.

Solcherart hergestellte Dauerpräparate eignen sich auch zur Präparation elektrisch leitfähiger Materialien (Abbildung 37), wenn das Bildverarbeitungssystem in einer ungeschützten Laborumgebung betrieben wird bzw. die Akkreditierung den Zugang solcher Proben in bestimmte Laborbereiche ausschließt.

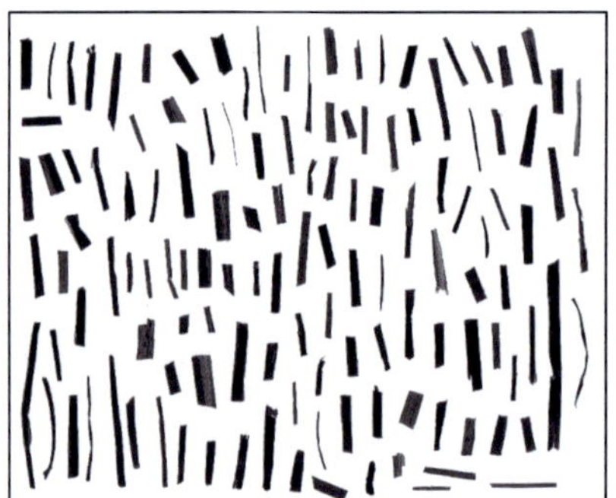

Abbildung 37 CF – Faserbündel nach Pyrolyse manuell mit Pinzette in Laminierfolie präpariert

2.3.2 AP 3b: Scan- und Auswertungsparameter für die einzelnen Fallgruppen

Aufbauend aus den Resultaten des AP 3(a) wurden für die einzelnen Fallgruppen Scanparameter identifiziert, die für die jeweilige Fallgruppe zu beachten (als Vorgabe formuliert), oder überwiegend zu empfehlen sind (als Empfehlung formuliert). Die Arbeiten im AP wurden auf dem Workshop in 05/22 weitgehend finalisiert und fristgerecht im Herbst 2022 abgeschlossen.

Insgesamt ist das Feld der auf die Probenvorbereitung folgenden Bildanalyse auf unterschiedlichsten Systemen ist zu breit, um hier ausführlich behandelt zu werden. Die Ergebnisse des Arbeitspakets 3b sind daher auf wesentliche allgemeine Parameter fokussiert, die sich direkt aus der Geometrie der vorgelegten Proben bzw. der Art der Probenvorbereitung ergeben.

In Tabelle 5 sind wesentliche Parameter kurz zusammengefasst. In den folgenden Unterabschnitten sind insbesondere die Auswahl des Scannertyps (2.3.2.1), der Auflösung (2.3.2.2) sowie der Probenmenge (2.3.2.4) ausführlicher beschrieben. Weitere Abschnitte befassen sich mit den sinnvoll auswertbaren Parametern für bestimmte Materialien (2.3.2.3) sowie mit Besonderheiten bei der Analyse mehrerer Teilproben (2.3.2.3.3).

Tabelle 5   Beispiele für sinnvolle Parameter verschiedener Materialarten

Material	Präparation	Vorpräparation	Besonderheiten	Scanner	Auflösung
Schäben	Rütteln / Sieben	Mischung, Teilung		Flachbett	300 dpi
Partikel	Sieben	Ggf. Mischung	Kleine Partikel: Diascanner bis 4000 dpi	Flachbett	1200 dpi
Schnittbündel	Sieben / Manuell		Ggf. Laminieren	Flachbett	100 – 300 dpi
Einzelfasern	Manuell		Kurzfasern Sieben / Langfasern (Breite) Schneiden, dann Diascanner 4000 dpi	Flachbett	2400 dpi
Glas- / Carbon-fasern	Nass	Ggf. Schlichte extrahieren	Längenmessung trotz Überkreuzung möglich	Mittel-format	3200 dpi
Textilrezyklate	Manuell / Druckluft	Teilung	Ggf. Vorsortierung und Masseanteile wiegen	Flachbett	1200 dpi

2.3.2.1 *Scannertyp*

Der für die Bildaufnahme verwendete Scannertyp hat bauartbedingt einen entscheidenden Einfluss auf die mögliche Auflösung des Bildes, die damit erreichbare Messgenauigkeit, die verwendbare Probenmenge je Bild und auf den Zeitaufwand für die Bilderfassung. Zum Verständnis der folgenden Auflösungsangaben ist wichtig zu wissen, dass die herstellerseitig angegebenen physikalischen Auflösungen der Scanner einer Überprüfung nicht standhalten. Die mit einem USAF 1951-Target nach MIL-STD-150A [20] (LaserSoft Imaging AG, Kiel) gemessene physikalische Auflösung liegt i.d.R. mindestens 50% unter der Herstellerangabe! Die wichtigsten Typen sind:

> Flachbettscanner, meist im DIN A4-Format (210 x 297 mm), aber auch in DIN A3 (297 x 420 mm) erhältlich. Diese können mit einer Vorlageplatte auf Höhe der Bildfläche an beiden Seiten versehen werden, um darüber mittels einer transparenten Endlosfolie Proben auf größerer Fläche zu präparieren und durch Transport der Folie in separaten Bildern zu erfassen. Abbildung 38 zeigt als Beispiel eine kommerzielle Variante. Eine ent-

sprechende Vorlageplatte ist aber ohne großen Aufwand für jeden Flachbettscanner im Selbstbau realisierbar. Damit sind alle Schnittbündel, Partikel ab 20 µm und die meisten Rezyklate gut zu erfassen.

Die Auflösung erreicht maximal 2400 dpi (vgl. nachfolgender Abschnitt 2.3.2.2).

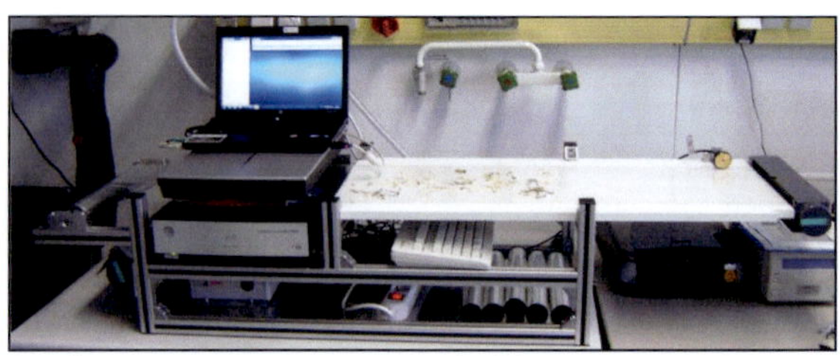

Abbildung 38 FibreShape Automatic mit Epson-Flachbettscanner und rechtsseitig Vorlageplatte mit Endlosfolie

> Diascanner im Mittelformat (MF-Scanner) ermöglicht je nach Bautyp eine Scanfläche von bis zu 5 x 12 cm. Dazu ist oft ein Umbau (durch den Lieferanten der Bildanalysesoftware) erforderlich, um in den Bilderhalter eine Glaswanne für Präparation in flüssigen Medien zu integrieren. Damit können dann Langfasern bis ca. 50 mm untersucht werden.
> Die Auflösung erreicht maximal 3200 dpi (vgl. nachfolgender Abschnitt 2.3.2.2). Das genügt bei Carbon- und feinen Glasfasern für die Längenmessung.

> Diascanner im Kleinbildformat sind weiter verbreitet und haben eine etwas höhere Auflösung. Soweit nicht die Faserlängenmessung >20 mm notwendig ist, ist daher der Kleinbildscanner für alle Faser- und Partikelfragestellungen geeignet. Bei Verwendung von Glasplatten anstelle von Diarahmen als Probenhalter steht eine Fläche von ca. 40 x 40 mm für die Messung zur Verfügung (soweit die Scanneroptik nicht auf 24 x 36 mm beschränkt ist). Damit können z.B. kleinere Partikel, die Faserbreite etc. mit höherer Genauigkeit als im Flachbettscanner analysiert werden.
> Die Auflösung erreicht maximal 4000 dpi (vgl. nachfolgender Abschnitt 2.3.2.2).

Die genannten Scannertypen haben den Vorteil, dass viele Probleme wie ungleichmäßige Ausleuchtung, Verzerrungen, variierende Auflösungen bauartbedingt vermieden werden. Voraussetzung ist, dass vor Benutzung in der Bildanalyse die Auflösung des Scanners überprüft wird, um den Maximalwert für den Messbetrieb zu kennen. Im Einsatz muss das Gerät regelmäßig einer Farb- und Graustufenkalibrierung unterzogen werden, damit reproduzierbare Resultate erzielt werden.

Alternativ sind auch Aufbauten aus dem Fotografiebereich mit ausgeleuchteter Probefläche und per Stativ darüber angeordneter Kamera möglich. Hier ist der Betreiber jedoch bei jeder Messung dafür verantwortlich, dass Auflösung, Ausleuchtung etc. kalibriert sind. Dies erhöht den Aufwand signifikant und ist gleichzeitig mit höheren Kosten verbunden.

2.3.2.2 Auflösung

Die für eine Fragestellung sinnvolle Auflösung ergibt sich aus der Größe der zu messenden Objekte. Die Pixel aller üblichen Scanner sind quadratisch, und aus der verwendeten Auflösung in dpi (dots per inch) ergibt sich die Kantenlänge mit Hilfe der Umrechnung

$$1\ inch\ =\ 25{,}4\ mm\ =\ 25400\ \mu m$$

wie folgt:

$$Pixelkantenlänge\ in\ \mu m = \frac{25400}{Auflösung\ in\ dpi}$$

D.h. die Auflösung bestimmt unmittelbar die Genauigkeit der Messung. Eine Reihe von typischen Auflösungswerten und die jeweils entsprechende Pixelgröße sind in Tabelle 6 aufgeführt.

In der zu messenden Dimension muss das kleinste zu messende Objekt wenigstens zwei Pixel lang sein, um noch sinnvolle Werte zu erhalten. Daraus ergibt sich mit Hilfe der Daten aus Tabelle 6 zunächst die für eine Fragestellung notwendige Auflösung: wenn bei 12 – 15 µm breiten Fasern die Breite gemessen werden soll, wird eine Auflösung von mindestens 3200 – 4000 dpi benötigt (2 Pixel sind dann 15,8 bzw. 12,8 µm). Im Umkehrschluss bedeutet dies: wenn Messungen mit dem Flachbettscanner erfolgen sollen, beträgt die minimal sinnvoll erfassbare Größe bei 2400 dpi rund 20 µm (1 Pixel ist hier 10,6 µm). Bei gegebener Auflösung können auf dieser Basis auch die Messgrenzen für die spätere Auswertung festgelegt werden.

Tabelle 6   Typische Auflösungen und zugehörige Pixelgrößen

Auflösung in dpi	Pixelgröße in µm	Auflösung in dpi	Pixelgröße in µm
50	508,0	1000	25,4
100	254,0	1200	21,2
200	127,0	1600	15,9
300	84,7	2000	12,7
400	63,5	2400	10,6
500	50,8	3200	7,9
600	42,3	4000	6,4
800	31,8	4800	5,3

Diese Grenzen gelten aber nur für die zu messenden Parameter. Für die nicht analysierten Dimensionen reicht notfalls auch ein Pixel: wenn von Fasern nur die Länge analysiert werden soll, genügt also eine Faserbreite von einem Pixel. Dadurch wird es z.B. möglich, im Mittelformatscanner die Länge von Carbonfasern auch mit 5 µm Durchmesser zu messen. Die Fasern erreichen mit 5 µm knapp die Abdeckung eines Pixels. Dies genügt bei entsprechend eingestellten Graustufenwerten, um die Faser noch als durchgehendes Objekt zu erfassen (ohne dabei sinnvoll die Breite messen zu können). Die Länge beträgt ein Vielfaches der Breite, so dass ausreichend viele Pixel gemessen werden, um eine Längenmessung mit kleiner Varianz zu garantieren.

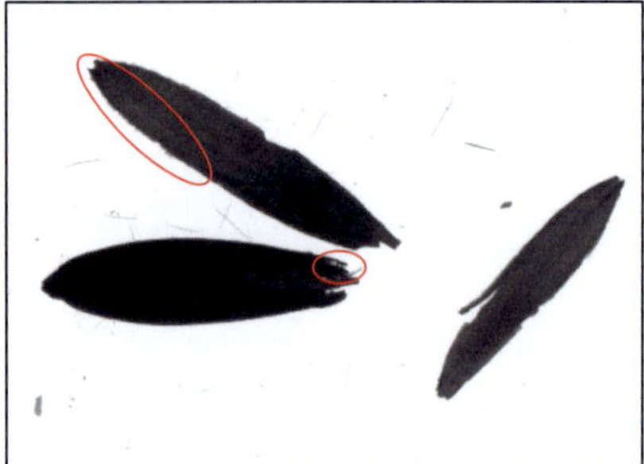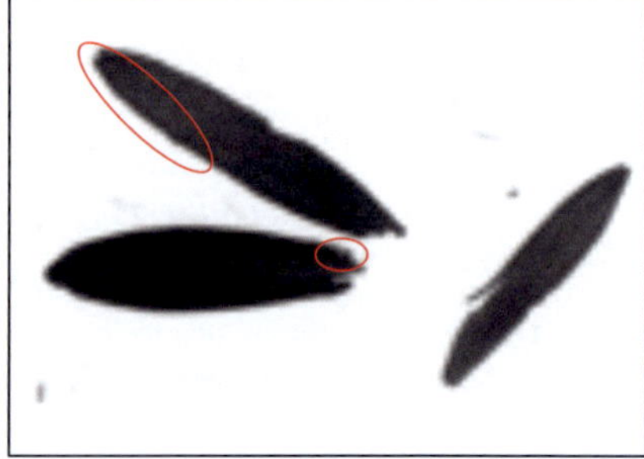

Abbildung 39 Getreidespelzen links bei 600 dpi, rechts selber Ausschnitt in 150 dpi rot eingekreist Oberflächenrauigkeit und ausgefasertes Ende

Ein Blick auf die Auflösung ist aber auch aus der anderen Richtung wichtig und notwendig: wenn große Objekte (z.B. Getreidespelzen mit >10 mm Länge) analysiert werden sollen, kann eine zu hohe Auflösung dazu führen, dass wie im Beispiel der Getreidespelzen (Abbildung 39, links) die Rauigkeit der Oberfläche oder herausstehende feine Fasern (beides rot eingekreist) die Objekterkennung in der Bildanalyse verschlechtern und gleichzeitig die Datenmenge potenzieren. In Abbildung 39 ist im Vergleich zur Originalaufnahme mit 600 dpi (links) ein um den Faktor 4 in der Auflösung reduziertes Bild (Abbildung 39, rechts) dargestellt, in dem diese störenden Elemente (ebenfalls rot eingekreist) nicht mehr zu erkennen sind.

Als Faustformel kann gelten, dass eine Pixelgröße von etwa 1% der zu messenden Objektgröße ausreicht. Im Falle der Getreidespelzen würde daher eine Pixelgröße von 100 µm genügen. Wenn die Messung dementsprechend z.B. bei 300 dpi durchgeführt wird, erhält man auch bei Bildern in DIN A4-Größe vergleichsweise kleine Dateien. Ein identisches Bild bei 1200 dpi aufgenommen würde durch die vierfache Pixelanzahl in x- und y-Richtung bereits die 16-fache Dateigröße erreichen.

2.3.2.3 Sinnvoll auswertbare Parameter

Wie bereits in den vorangegangenen Abschnitten beschrieben, ist nicht mit jedem Probenmaterial eine Probenvorbereitung möglich, die eine umfassende Auswertung aller geometrischen Parameter ermöglicht. Für viele Fälle kann alternativ dazu eine Probenvorbereitung durchgeführt werden, die stattdessen die Analyse bestimmter Parameter ermöglicht. Eine weitere Einschränkung folgt aus der maximal erreichbaren Auflösung des Messsystems — diese limitiert hinsichtlich der kleinsten erfassbaren Partikel. Die Größe der verwendeten Scanfläche ist abhängig vom Scannertyp. Sie limitiert dabei gleichzeitig die maximal messbare Länge. Dies bedeutet im praktischen Messbetrieb Einschränkungen und mögliche Alternativen, von denen einige beispielhaft in den folgenden Unterabschnitten erläutert sind.

2.3.2.3.1 Länge & Breite

Gerade bei der Längenmessung kommt die statische Bildanalyse schnell an ihre Grenzen: sind Objekte länger als die Bildfläche, kann keine Messung erfolgen. Es kann dann nur auf andere Messverfahren ausgewichen werden. Für lange Fasern gibt es z.B. kommerzielle Messverfahren wie HVI (High Volume Instrument) für Baumwolle, sowie Almeter und FibreScanner für Wolle und technische Fasern. Allerdings kann in fast allen Fällen die Objektbreite gemessen werden. Feine Fasern werden dazu am besten in ca. 2 mm lange Stücke geschnitten und diese im Diascanner bei hoher Auflösung eingescannt. Das Einkürzen kann auch für andere Proben nötig sein, weil die meisten Analysesysteme softwareseitig keine Objekte analysieren, die über den Bildbereich hinausragen.

2.3.2.3.2 Auflösegrad statt Detailanalyse

Bei Schnittbündeln mit schlechtem Zusammenhalt oder Rezyklaten ist es oft schwierig, die Probe so zu dispergieren, dass alle Bestandteile vereinzelt sind. Statt einer zeitraubenden manuellen Präparation kommt für Rezyklate das Pressluftverfahren in Frage, oder für die Schnittbündel ein schnelles Auflegen in nur einer Schicht. Beides führt (bei nur einem Bruchteil des Zeitaufwands) zwar nicht mehr zur Vereinzelung aller Objekte, genügt aber für einen Graustufenscan, aus dem anhand der Grauwerte die Mengen der Bestandteile Flächen / Garne / Fasern grob quantifiziert werden können. In der Regel genügt bei solchen Proben zunächst der Auflösegrad (d.h. Grad der Auflösung in Einzelfasern), um den vorgeschalteten Prozess beurteilen zu können. Erst wenn die Auflösung zu einer fast reinen Faserprobe geführt hat, ist es auch sinnvoll, die Faserfraktion zu analysieren.

2.3.2.3.3 Besonderheiten für Teilproben

Dieser Text bezieht sich auf eine Aufteilung in Teilproben wie in den vorstehenden Abschnitten beschrieben z.B. durch Sieben in mehrere Fraktionen. Diese unterscheiden sich in ihrer Größenverteilung. Für solche Proben ist es wichtig zu beachten, alle Fraktionen in einer Messung gemeinsam auszuwerten. Nur dann repräsentiert das Ergebnis auch die Eigenschaften der Gesamtprobe. Je nach Fragestellung können die Fraktionen natürlich auch einzeln oder nicht alle analysiert werden, wenn z.B. eine Staubfraktion nicht berücksichtigt werden soll.

Dieses Vorgehen wird problematisch, wenn z.B. Textilrezyklate mit nur wenigen aber großen Flächenstücken analysiert werden sollen. Das kann dazu führen, dass der zeitliche Aufwand einer manuellen Präparation aufgrund der zu bearbeitenden Menge zu groß wird. Hier ist es dann sinnvoller, die Massenanteile der Teilproben durch Wägung zu bestimmen, und die Garn-/Faserfraktion durch Probenteilung (s. Abschnitt 2.3.1.1.2) auf eine angemessene Größe zu reduzieren (s. Abschnitt 2.3.2.4).

2.3.2.4 Anzahl der Objekte pro Messung

Die Frage, wie viele Objekte in einer Messung enthalten sein sollten, um die Verteilung einer Probe statistisch sicher zu beschreiben, lässt sich nicht pauschal beantworten. Es hängt vielmehr davon ab, wie breit und ggf. wie inhomogen die zu messende Verteilung ist. So ist z.B. bei industriell produzierten Materialien die Verteilungsbreite oft klein, und die Verteilung entspricht in etwa einer Gauss-Verteilung (Glockenkurve). Beispiel: Schwankt der Faser-durchmesser von industriell hergestellten Synthesefasern nur um wenige μm, können schon 30 – 50 Objekte ausreichen, um eine Gauss-Verteilung mit ihrem Mittelwert und der Stan-dardabweichung in der Form „50,1 ± 2,0 μm" zu beschreiben. Erfolgt dieselbe Messung an mechanisch aufgeschlossenen Hanffaserbündeln mit einer schiefen Verteilung, benötigt man erheblich mehr Elemente, um die Verteilung statistisch sicher in Form eines Histogramms darstellen zu können. Für schiefe Verteilungen ist der Mittelwert nicht gültig, so dass hier neben dem Histogramm normalerweise der Median und Vertrauensbereich sowie weitere Perzentile zur Beschreibung angegeben werden. Für Bastfasern sollten nach Erfahrung der Autor*innen rund 2000 – 4000 Elemente in einer Analyse vorliegen, um ein statistisch si-cheres und damit reproduzierbares Resultat zu gewährleisten.

Als Beispiel sind in Abbildung 40 die Breitenverteilungen von Wolle mit einer Gauss-ähnlichen Verteilung (links) sowie einer Hanfprobe mit breiter und schiefer Verteilung (rechts) dargestellt. Die Wollprobe hat einen Mittelwert von rund 32 ± 9 μm mit einer Spannbreite (Bereich zwischen dem ersten (10%) und neunten (90%) Dezil) von 10 – 80 μm, während die Hanfprobe einen Median (fünftes Dezil) von rund 70 μm bei einer Spannbreite von 6 – 180 μm aufweist. Der Maximalwert liegt mit fast 400 μm nochmals doppelt so hoch. Für letztere Probe sind daher eher >3000 Elemente anzuraten, während für die Wolle einige hundert Elemente ausgereichend wären.

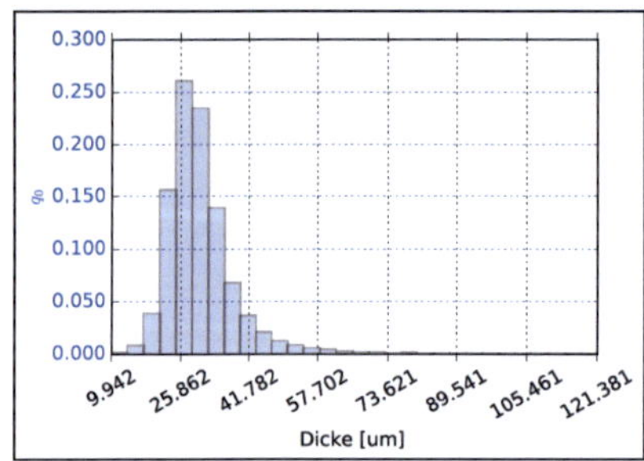
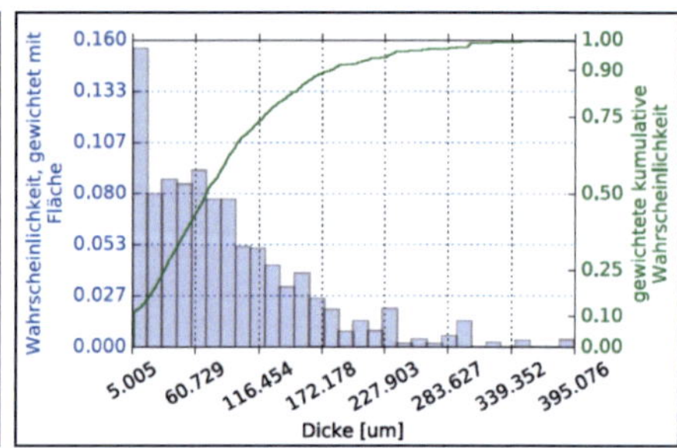

Abbildung 40 Histogramme für Wolle mit nahezu Gauss-Verteilung (links)
und Bastfaser mit breiter, schiefer Verteilung (rechts).

Als Fazit lässt sich festhalten, dass im Regelfall wie oben geschildert eine Messung von rund 2000 – 4000 Elementen in einer Analyse genügt, um von einem statistisch sicheren Resultat ausgehen zu können.

2.4 AP 4: Validierung

Die erarbeiteten Vorschriften müssen hinsichtlich ihrer Gültigkeit für die jeweiligen ermittel-ten Fallgruppen überprüft werden. Dazu wurden Untersuchungen folgende in den Unterpa-keten *Überprüfung der Vorschriften* und *Untersuchungen zur Umsetzbarkeit der Vorschriften* durchgeführt, die in den folgenden Unterabschnitten beschrieben sind.

2.4.1 AP 4a: Überprüfung der Vorschriften

Zur Überprüfung im Rahmen des AP Validierung wurde ab 12/21 mit dem Austausch erster Vorschriften zwischen den Partnern STFI und FIBRE sowie der gemeinsamen Diskussion begonnen. Ein intensiver Austausch zwischen den beiden Instituten erfolgte anlässlich der Workshops in 05/22 und 10/22. Hier wurden alle bereits erstellten Vorschriften gemeinsam diskutiert und hinreichend bzgl. ihrer Verständlichkeit und Reproduzierbarkeit getestet.

2.4.2 AP 4b: Untersuchungen zur Umsetzbarkeit der Vorschriften

Erste gemeinsame Tests zur Umsetzbarkeit der Vorschriften wurden auf dem Workshop in 05/22 durchgeführt. Darauf basierend wurden die jeweiligen Aufgabenstellungen in beiden Instituten weiter verfolgt und die Vorschriften, soweit erforderlich, einerseits hinsichtlich ihrer Verständlichkeit und andererseits bzgl. ihrer eindeutigen späteren Durchführbareit überarbeitet. Eine zweite Runde der Tests anlässlich des Projektworkshops in 10/22 bestätigte den Erfolg der Maßnahmen. Die Arbeiten im AP konnten damit planmäßig abgeschlossen werden.

2.5 AP 5: Kreuzvalidierung der Ergebnisse

Im Arbeitspaket 5 wurden gemeinsame Workshops in beiden Instituten vorbereitet und durchgeführt, um gleichartige Ergebnisse und gleichen Trainingstand des Laborpersonals für die unterschiedlichen Partikelgruppen faserförmig bzw. nicht faserförmig sicherzustellen. Darauf aufbauend erfolgte eine Kreuzvalidierung der bislang bei beiden Partnern innerhalb der korrespondierenden Teilprojekte von FIBRE und STFI erzielten Ergebnisse. Das AP gliederte sich in die Unterpakete *Durchführung gemeinsamer interner Workshops* und *Kreuzvalidierung der Ergebnisse*, die in den folgenden Unterabschnitten beschrieben sind.

2.5.1 AP 5a: Durchführung gemeinsamer Workshops

Der erste gemeinsame Workshop der Partner fand 06/2021 in Bremen statt. Im Rahmen dieses Treffens wurden gemeinsam Proben beider Partner gesichtet, anschließend präpariert und analysiert. Dazu erfolgte eine intensive Diskussion über die Eingliederung der Proben in entsprechende Fallklassen sowie jeweils geeignete Scan- und Auswertungsparameter. Diese Diskussion hat wesentlich zum Erreichen der in den Abschnitten 2.2 und 2.3 dargestellten Ergebnisse beigetragen. Weiter wurden gemeinsam die Grundzüge der Gliederung für das zu erstellende Referenzhandbuch festgelegt.

Der zweite Workshop war für 12/2021 in Chemnitz geplant, musste aber wegen Corona bedingter Einschränkungen auf 05/2022 verschoben werden. Auf diesem Workshop konnten die Arbeiten im AP 3 abgeschlossen sowie ein intensiver Austausch zur Überprüfung der Vorschriften im Rahmen des AP 4 begonnen werden.

Der dritte Workshop erfolgte schließlich in 10/2022 und trug wesentlich zum erfolgreichen Abschluss des AP 4 bei. Neben den inhaltlichen Diskussionen stand die Planung und Vorbereitung des öffentlichen Workshops zur Evaluierung der Ergebnisse mit externen Fachinteressenten im Mittelpunkt.

Aufgrund der Terminnähe zum o.g. dritten Workshop sowie dem öffentlichen Workshop wurde der laut Arbeitsplan noch für Ende 2022 vorgesehene vierte interne Workshop auf

03/2023 verschoben, um nach der Auswertung des öffentlichen Workshops die gemeinsame Endredaktion für das Referenzmanual vornehmen zu können. Neben der Endredaktion des Textes wurden auch die im Internet zu präsentierenden Begleitvideos final festgelegt sowie die verbleibenden Aufgaben im Projekt abschließend geplant.

2.5.2 AP 5b: Kreuzvalidierung der Ergebnisse

Zur Kreuzvalidierung fand Ende 2021 ein erster Austausch von Proben zwischen den Partnern statt. Diese Arbeiten wurden im Laufe des Jahres 2022 in beiden beteiligten Instituten fortgesetzt und die jeweils erzielten Ergebnisse auf den Workshops in 05/2022 und 10/2022 intensiv diskutiert. Die Arbeiten im AP 5b konnten Ende 2022 planmäßig abgeschlossen werden.

2.6 AP 6: Referenzmanual, öffentlicher Workshop und Publikationen

Im Arbeitspaket 6 wurde ein Referenzhandbuch erstellt, das eine klare Beschreibung der vereinheitlichten Probenvorbereitung der erfassten Materialklassen (Fallgruppen) sowie Empfehlungen zu sinnvollen Analyse- und Auswertungsparametern für die einzelnen Fallgruppen umfasst. Dieses wurde erstmalig auf dem öffentlichen Abschlussworkshop 01/23 allen interessierten Institutionen vorgestellt. Um eine möglichst breite Fachöffentlichkeit zu erreichen, fand dieser Workshop in einer übergeordneten neutralen Institution (Bremer Baumwollbörse) statt und war für die Teilnehmer kostenlos. Abschließend erfolgte die Einarbeitung aller gewonnenen Erkenntnisse in das Referenzhandbuch. Dieses ist über den Buchhandel mit ISBN sowie zum Download als E-Book publiziert worden. Das AP gliederte sich in die Unterpakete *Erstellung des Referenzmanuals; Durchführung des öffentlichen Abschlussworkshops* und *Schlussdokumentation und Publikation des Referenzmanuals*, die in den folgenden Unterabschnitten beschrieben sind.

2.6.1 AP 6a: Erstellung des Referenzmanuals

Das mit Projektabschluss veröffentlichte Referenzhandbuch wurde als Leitfaden für Praktiker im Labor konzipiert, das zur besseren Sichtbarkeit der Abbildungen im DIN A4-Format sowie in Zeitschriftenbindung vorliegt, um ein Umfalten und Bereitlegen auf dem Labortisch neben der Probe zu ermöglichen. Die Arbeiten wurden planmäßig im Sommer 2022 aufgenommen. Die Endredaktion des Textes fand schließlich auf dem vierten Projektworkshop in 03/2023 statt. Dabei wurden auch die im Internet zu präsentierenden Begleitvideos final festgelegt.

2.6.2 AP 6b: Durchführung des öffentlichen Abschlussworkshops

Der öffentliche Workshop fand am 24. & 25.01.2023 in der Bremer Baumwollbörse statt (Abbildung 41). Die notwendigen Vorarbeiten für den Workshop, u.A. zur Bereitstellung der Probenvorbereitungsstationen zum Training der externen Teilnehmer konnten bereits 2022 weitgehend abgeschlossen werden.

An diesem Workshop nahmen 16 externe Teilnehmer aus 11 verschiedenen Institutionen teil. Alle verfügen über ein eigenes Bildanalysesystem. Nach zwei Tagen intensiver Diskussionen, gemeinsamer Übungen an vorgegebenen sowie von den Teilnehmern mitgebrachten

Proben (Abbildung 42) konnte ein sehr positives Fazit der Veranstaltung gezogen werden. Die wichtigsten Anmerkungen der Teilnehmer sind nachfolgend aufgeführt:

- Die Probenvielfalt der externen Teilnehmer spiegelt sich in den im Projekt entwickelten Materialgruppen wieder; die Cluster-Aufteilung reicht für alle aus.
- Das Projekt liefert eine willkommene Systematik, um neue Kollegen / Studenten / Doktoranden einzuarbeiten.
- Das Referenzhandbuch bietet eine Hilfestellung für alle, die sonst nicht mit Fasern arbeiten und Einsteiger.
- Die geplante Visualisierung mit verlinkten Videos ist dazu wichtig.
- Im Handbuch sollen zusätzliche Verweise zur Vorpräparation wie z.B. Mischen der Probe sowie auf Normen zur Probenahme (soweit greifbar) aufgenommen werden.

Abbildung 41 Öffentlicher Workshop, Tagungsraum (links) und Präsentationstest vor Beginn (rechts)

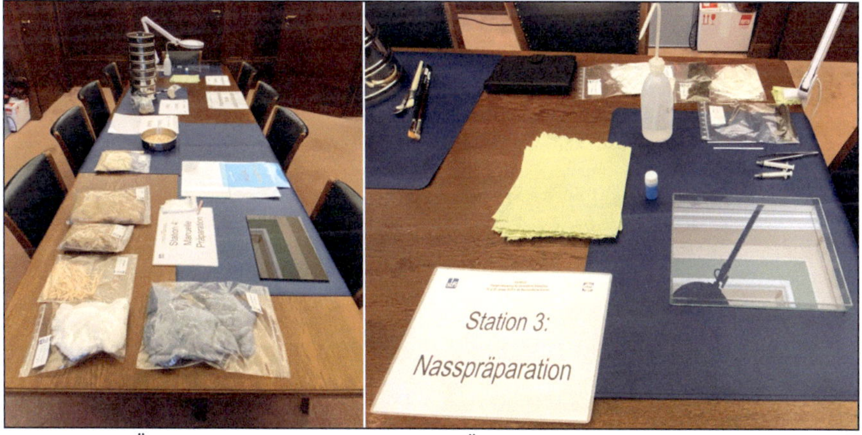

Abbildung 42 Öffentlicher Workshop, vorbereitete Übungsstationen

Der Workshop bot damit auch für die Veranstalter neue Erkenntnisse und lieferte eine wichtige Rückkopplung zur Ergänzung des Referenzhandbuchs.

2.6.3 AP 6c: Schlussdokumentation und Publikation des Referenzmanuals

Zum Abschluss des Projektes wurde in 02/2022 mit der Erstellung der Schlussberichte begonnen sowie das Referenzhandbuch fertiggestellt. Es ist seit Ende März 2023 bei BoD sowie über den regulären Buchhandel unter der ISBN 978-3-74317-283-8 in gedruckter Form erhältlich; das E-Book folgte Mitte April 2023 unter der ISBN 978-3-75786-870-3. Die genauen Bezugsdaten finden sich neben allen weiteren Publikationen aus dem Projekt im Abschnitt 5.

3 Zusammenfassung und Bewertung der Ergebnisse

Trotz Kontakteinschränkungen konnten im AP 1 unterschiedliche nicht-faserförmige Proben für die Projektbearbeitung zusammengetragen werden. Die Probensammlung wurde planmäßig abgeschlossen; allerdings blieben die Partner weiter offen für an sie herangetragene weitere Fragestellungen.

Die erhaltenen Materialien wurden in Form eines mehrdimensionalen Clustering einer Reihe von entsprechend definierten Fallgruppen zugeordnet. Der Aufbau des Systems erlaubt auch für die Zukunft relativ einfach die Ergänzung um noch nicht enthaltene Fallgruppen.

Die Entwicklung der vereinheitlichten Vorschriften folgte streng dem Schema, das sich aus dem Clustering ergibt. Die sich daraus ergebende Art der Probenpräparation kann nun für die unterschiedlichen Fälle detailliert beschrieben werden. Darauf aufbauend wurden für die einzelnen Fallgruppen Scanparameter identifiziert, die für die jeweilige Fallgruppe wichtig sind (Vorgabe), oder überwiegend zu empfehlen sind (Empfehlung).

Tabelle 7   Erreichungsstand der Arbeitspakete und Meilensteine im Projekt

AP / MS Nr.	Ziel	Erreichungsstand
AP 1	Sammlung von Proben und Problemlösungen	planmäßig abgeschlossen
AP 2	Clustering der Anforderungsfälle	planmäßig abgeschlossen
AP 3	Entwicklung von vereinheitlichten Vorschriften	planmäßig abgeschlossen
AP 4	Validierung	planmäßig abgeschlossen
AP 5	Kreuzvalidierung der Ergebnisse	planmäßig abgeschlossen
AP 6	Öffentlicher Workshop & Publikation der Ergebnisse	planmäßig abgeschlossen
MS 1	Vereinheitlichte Vorschriften für die Fallgruppen sind entwickelt	Erreicht 05/2022
MS 2	Kreuzvalidierung ist abgeschlossen	Erreicht 10/2022
MS 3	Referenzmanual ist erstellt	Erreicht 03/2023

Der erste gemeinsame Workshop der Partner fand 06/2021 in Bremen statt. Die Diskussion im Rahmen dieses Treffens hat wesentlich zum Erreichen der o.g. Ergebnisse beigetragen. Im Jahr 2022 fanden zwei gemeinsame Workshops der Partner statt: 05/2022 in Chemnitz und 10/2022 in Bremen. Die Diskussion im Rahmen dieser Treffen hat wesentlich zum Erreichen der o.g. Ergebnisse beigetragen. Der vierte Workshop wurde auf das Frühjahr 2023 verschoben, um nach der Auswertung des öffentlichen Workshops die Endredaktion für das Referenzmanual vornehmen zu können.

Die erzielten Ergebnisse entsprechen dem ursprünglichen Planungsstand des Projekts. Eine zusammenfassende Gegenüberstellung der Ergebnisse und Zielsetzungen auf Basis der Arbeitspakete und Meilensteine befindet sich in Tabelle 7.

Alle Teilziele und Meilensteine des Projekts wurden damit wie geplant erreicht. Die Arbeiten im Projekt wurden im Oktober 2020 aufgenommen und zunächst wie geplant durchgeführt. Bedingt durch die Corona-Pandemie kam es zu geringen Verzögerungen im Projektablauf. Diese konnten aber wie oben beschrieben so kompensiert werden, dass alle im Arbeitsplan aufgeführten Arbeiten fristgerecht abgeschlossen werden konnten.

Der zahlenmäßige Nachweis umfasst als wichtige Positionen Ausgaben für Personal wie folgt:

➢ Personal Wissenschaftliche Mitarbeiter
➢ Personal Technische Mitarbeiter

Dieser Aufwand war notwendig und angemessen, um die im Vorhaben geplanten Ziele zu erreichen.

4 Innovationspotenziale und Applikationsmöglichkeiten

4.1 Wissenschaftliche und wirtschaftliche Bedeutung der Ergebnisse

Vor dem Hintergrund des Klimawandels und unter dem Gesichtspunkt der Nachhaltigkeit wird der Einsatz nachwachsender Rohstoffe wie z.B. Naturfasern wachsen. Das Management-Consulting- und Marktforschungsunternehmen Lucintel hat einen Bericht zum Marktpotential von Faserverbundwerkstoffen veröffentlicht. Dort wurde allein für diesen Bereich aus dem Umfeld Naturfasern für den Zeitraum 2015 – 2020 eine jährliche Wachstumsrate von 8,2 % prognostiziert. Haupteinsatzgebiete sind die Automobilindustrie sowie der Gebäudebau (Dämmung, neue Baumaterialien etc.).

Nachwachsende Faserrohstoffe müssen einerseits für ihren Handel und andererseits für ihre Verarbeitung textilphysikalisch (Feinheit, Länge) charakterisiert werden. Danach richtet sich sowohl der Handelspreis als auch die Verarbeitungstechnologie.

Die standardisierte Probenvorbereitung für die maßgeblichen Probenklassen Fasern bzw. Partikel, die im beantragten Vorhaben entwickelt wurde und deren perspektivische Aufnahme in eine Norm bilden die Voraussetzungen für einen breiteren Markteintritt der statischen Bildanalyse.

Die für die Validierung der Ergebnisse erfolgte Zusammenarbeit von FIBRE und STFI hat zusätzlich die Grundlagen für eine Erweiterung des bestehenden Schulungsangebots beider Institute bzw. externer Schulungskonzepte geschaffen. Das Kapitel Prüfung ist je nach Anwendungsinhalt bisheriger externer Schulungsangebote in abgestimmter Form immer inhaltlicher Bestandteil. In der Regel wird dort reichlich Diskussionsbedarf beobachtet. Dies äußert sich nachfolgend in den Auftragseingangszahlen der Akkreditierten Prüfstellen.

4.2 Internes Innovations- und Anwendungspotenzial

Sowohl in FIBRE als auch STFI werden die Ergebnisse dieses Projekts bereits jetzt im Bereich der Bildanalyse genutzt. Weitere Forschungsinstitute wie z.B. das Leibniz-Institut für Agrartechnik und Bioökonomie e.V., Potsdam-Bornim, sind mittelbar beteiligt und haben ebenfalls mit der Umsetzung begonnen.

Folgeprojekte können sich in Richtung weiterer Materialklassen ergeben. Die Antragsteller streben den Eingang der Projektergebnisse in den Normungsprozess an. Diesbezüglich ist geplant, Zusammenarbeit zur Überführung der Forschungsergebnisse in Normen und Standards unter Nutzung des BMWI-Programmes "WIPANO — Wissens- und Technologietransfer durch Patente und Normen" anzuschließen.

4.3 Darstellung erworbener bzw. anzumeldender Schutzrechte

Es ging im Projekt maßgeblich um die Erarbeitung einer Methodik zur standardisierten Probenvorbereitung für unterschiedliche Prüfprobencluster in Faser- bzw. Partikelform. Hierfür bilden in der Regel Normen und Standards, jedoch keine Schutzrechte, das entsprechende Regelwerk ab.

Die DIN ISO 9276–1 bis –4 legen die Parameter für eine einheitliche Auswertung, die grafische Darstellung der Ergebnisse und die Fehlerbetrachtung im Bereich der bildanalytischen Größenbestimmung fest. Die Art und Weise der Vorbereitung von Proben für die statische bildanalytische Messung ist damit jedoch bislang nicht erfasst.

Daher wird keine Schutzrechtsanmeldung, sondern die Normung der entwickelten Methoden bzw. Verfahren aus Gründen der Reproduzierbarkeit als auch der Vergleichbarkeit der Messwerte angestrebt.

4.4 Spätere Applikationsmöglichkeiten für die mittelständische Industrie und Transferkonzept

Durch den Transfer der Entwicklungsergebnisse bereits in der Schlussphase des Projektes über den öffentlichen Workshop ist die Nachnutzung in weiteren Prüflabors sowohl in der Textilforschung, im Faserhandel als auch in der faserverarbeitenden Industrie (Rohstofflieferanten, Rohmaterialeingangsprüfung in der Weiterverarbeitung) gesichert.

Die erarbeitete Methodik zur Probenstandardisierung kann als Grundlage für weitere Methodenentwicklungen in der Probenvorbereitung und Handhabung anderer Materialklassen dienen. Diese Schemata liefern die Grundlagen für weitere Probenarten abseits von den innerhalb des Projektes betrachteten. Dazu kann die Standardisierung bestimmter Abfallfraktionen genauso gehören, wie die Charakterisierung landwirtschaftlicher Nebenprodukte aus der Koppelproduktion.

Tabelle 8 stellt die Verwertungsziele für den Transfer der erzielten Ergebnisse in alle Bereiche der mittelständischen Industrie sowohl während als auch nach der Projektlaufzeit dar.

Ein wichtiger Faktor für die kurzfristige und erfolgreiche Verwertung war die aktive Mitwirkung der Institute in verschiedenen Gremien und Arbeitsgruppen, welche sich mit den Themengebieten der Faser- und Materialanalyse beschäftigen. Über diese Medien konnten die

Teil- und Endergebnisse auf nationaler und internationaler Ebene einem breiten und interessierten Publikum zugänglich gemacht werden.

Tabelle 8   Kurz-, mittel- und langfristige Verwertungsziele

Geplant	Verwertungsziel	Erreichung
2020	Publikation der ersten Projektergebnisse auf der Webseite des Sächsischen Textilforschungsinstitutes e.V.	Erreicht 2020
Ab 2021	Beratung von Unternehmen der Textilindustrie und Instituten	Ab 2021
2022	Kurzvorstellung der Ergebnisse im Rahmen des AVK-Arbeitskreises „Naturfaser verstärkte Kunststoffe"	Erreicht 2022
2022	Vorstellung der Ergebnisse auf internationaler Tagung	Erreicht 2022
2023	Vorstellung der Ergebnisse im öffentlichen Workshop mit Anwendern der statischen Bildanalyse	Erreicht 2023
2023	Publikation des Referenzhandbuchs über den Buchhandel sowie als E-Book	Erreicht 2023
2023	Publikation der finalen Projektergebnisse beider Institute auf der Webseite des Sächsischen Textilforschungsinstitutes e.V. mit online-Bereitstellung der Demonstrationsvideos	Erreicht 2023
Ab 2023	Erweitertes Angebot der kommerziellen statischen Bildanalyse mit den neu entwickelten Vorschriften zur Probenvorbereitung	Erreicht 2023
2023	Publikationen in den Zeitschriften „Technische Textilien" oder „Melliand Textilberichte"	Geplant 2023
2023	Publikation des ausführlichen Schlussberichtes als Band der Reihe „Forschungsberichte aus dem Faserinstitut Bremen" (ISSN 1618-7016)	Erreicht 2023
2023–2024	Publikation in gereviewter Fachzeitschrift (Fibres & Textiles) nach Projektende	Erreicht 2023
Ab 2024	Einbringung der Projektergebnisse in die Vorlesungen des FIBRE an der Universität Bremen bzw. des STFI an den TUs Dresden und Chemnitz	Geplant 2024
2023–2024	Folgeantrag STFI / FIBRE im Programm WIPANO zur Einbringung der erzielten Ergebnisse in eine Norm	Geplant
Ab 2023	Einbringung der Projektergebnisse in die kommerzielle Beratung / Consulting interessierter Firmen	Geplant

Gleichzeitig sind die beteiligten Institute daran interessiert, durch Einsatz dieser neuen Methoden in der statischen Bildanalyse auch neue Märkte zu erschließen. Durch den breiten Fokus der Arbeiten ist gewährleistet, dass es relativ schnell genügend Bedarf gibt. Dies treibt auch den Bedarf an neuen Analysesystemen an, so dass davon die Gerätehersteller (i.d.R. KMU) profitieren.

5 Veröffentlichungen aus dem Projekt

5.1 Während der Projektlaufzeit:

FLYER Fischer, H.: Projekt StaPAFaB: Standardisierung der Probenvorbereitung zur Analyse der Geometrie von Fasern und Partikeln mittels Bildverarbeitung. Projektflyer, 2 Seiten. Faserinstitut Bremen e.V., Bremen, DE 2021.

POSTER PRESENTATION Fischer, H.; Sigmund, I.; Hartwig, P.; Dederer, E. & Maschinski, A.: Standardising *the Sample Preparation for Analysis of Fibres and Particles by Static Image Analysis*. In Technical University of Liberec, Faculty of Textile Engineering (organiser): 23rd *International Conference STRUTEX, November 30 – December 2, 2022, Liberec, CZ.* Technical University of Liberec, Liberec, CZ 2022.

INPROCEEDINGS Fischer, H.; Sigmund, I.; Hartwig, P.; Dederer, E. & Maschinski, A.: Standardising the Sample Preparation for Analysis of Fibres and Particles by Static Image Analysis. In Team of Authors (Hrsg.): 23rd International Conference STRUTEX (Conference Book). Seiten 251 – 256. Technical University of Liberec, Liberec, CZ 2022. ISBN 978-80-7494-621-9. Online erhältlich http://strutex.ft.tul.cz/2022/Book/STRUTEX_2022_book.pdf. Gesehen 2023-04-24.

VORTRAG Fischer, H.; Sigmund, I.; Hartwig, P.; Dederer, E. & Maschinski, A.: Probenvorbereitung für die statische Bildanalyse: Begrüßung und Einführung in die Thematik. Vortrag in FIBRE & STFI (Organis.): Öffentlicher Workshop Probenvorbereitung für die statische Bildanalyse, 24. & 25. Januar 2023 in der Bremer Baumwollbörse. Faserinstitut Bremen e.V., Bremen 2023. DOI: 10.13140/RG.2.2.18256.58885.

VORTRAG Fischer, H.; Sigmund, I.; Hartwig, P.; Dederer, E. & Maschinski, A.: Probenvorbereitung für die statische Bildanalyse: Systematik & wichtigste Präparationsmethoden. Vortrag in FIBRE & STFI (Organis.): Öffentlicher Workshop Probenvorbereitung für die statische Bildanalyse, 24. & 25. Januar 2023 in der Bremer Baumwollbörse. Faserinstitut Bremen e.V., Bremen 2023. DOI: DOI: 10.13140/RG.2.2.31678.36165.

VORTRAG Fischer, H.; Sigmund, I.; Hartwig, P.; Dederer, E. & Maschinski, A.: Probenvorbereitung für die statische Bildanalyse: Stationen der praktischen Übungen zur Probenpräparation. Vortrag in FIBRE & STFI (Organis.): Öffentlicher Workshop Probenvorbereitung für die statische Bildanalyse, 24. & 25. Januar 2023 in der Bremer Baumwollbörse. Faserinstitut Bremen e.V., Bremen 2023. DOI: 10.13140/RG.2.2.28322.91847.

BUCH Fischer, H.; Sigmund, I.; Hartwig, P.; Dederer, E. & Maschinski, A.: *Handbuch zur Vorbereitung von Proben für die statische Bildanalyse — Leitfaden für Praktiker im Labor —*. Faserinstitut Bremen e.V. und Sächsisches Textilforschungsinstitut e.V., Bremen 2023. Herstellung und Verlag: Books on Demand GmbH, Norderstedt. ISBN 978-3-74317-283-8. Online erhältlich: https://www.bod.de/buchshop/handbuch-zur-vorbereitung-von-proben-fuer-die-statische-bildanalyse-holger-fischer-9783743172838. Gesehen 2023-03-27.

E-BOOK Fischer, H.; Sigmund, I.; Hartwig, P.; Dederer, E. & Maschinski, A.: *Handbuch zur Vorbereitung von Proben für die statische Bildanalyse — Leitfaden für Praktiker im Labor —*. Faserinstitut Bremen e.V. und Sächsisches Textilforschungsinstitut e.V., Bremen 2023. Herstellung und Verlag: Books on Demand GmbH, Norderstedt. ISBN 978-3-75786-870-3. Online erhältlich: https://www.bod.de/buchshop/handbuch-zur-vorbereitung-von-proben-fuer-die-statische-bildanalyse-holger-fischer-9783757868703. Gesehen 2023-04-20.

5.2 Nach Projektabschluss erfolgt:

ONLINE Hierhammer, M.: *Vorbereitung von Proben für die statische Bildanalyse*. Online, https://www.stfi.de/pruefung/probenvorbereitung/vorbereitung-von-proben-fuer-die-statische-bildanalyse. Gesehen 2023-04-04.

ARTIKEL Fischer, H.; Sigmund, I.; Hartwig, P.; Dederer, E. & Maschinski, A.: *Standardising the Sample Preparation for Analysis of Fibres and Particles by Static Image Analysis*. Fibres and Textiles / Vlákna a Textil **30**,1 (2023), 138 – 142. ISSN 1335-0617. DOI: 10.15240/tul/008/2023-1-025.

DIESES BUCH Fischer, H.; Sigmund, I.; Hartwig, P.; Dederer, E. & Maschinski, A.: *StaPAFaB — Standardisierung der Probenvorbereitung zur Analyse der Geometrie von Fasern und Partikeln mittels Bildverarbeitung*. In Reihe: Forschungsberichte aus dem Faserinstitut Bremen **70**. Herstellung und Verlag: Books on Demand GmbH, Norderstedt, April 2023, 76 Seiten. ISSN 1618-7016. ISBN 978-3-7504-0608-7.

5.3 Nach Projektabschluss geplant:

VORTRAG & INPROCEEDINGS Fischer, H.; Sigmund, I.; Hartwig, P.; Dederer, E. & Maschinski, A.: Standardised Scheme for Sample Preparation to Analyse Natural Fibres and Recyclates of Natural Fibre Textiles by static image analysis. Als Vortrag angenommen für 6th INTERNATIONAL CONFERENCE ON NATURAL FIBERS (ICNF), 19. – 21. June 2023, Funchal, PT.

VORTRAG & INPROCEEDINGS Fischer, H.; Sigmund, I.; Hartwig, P.; Dederer, E. & Maschinski, A.: Neuer Ansatz in der Probenvorbereitung zur bildanalytischen Schnellcharakterisierung textiler Rezyklate. Angemeldet zum 16. Kollquium recycling for textiles (re4tex), 6.-7. Dezember 2023, Chemnitz, DE.

ARTIKEL geplant für Melliand Textilberichte oder Technische Textilien

6 Literatur

[1]   Fraunhofer-Institut für Produktionsanlagen und Konstruktionstechnik IPK (Hrsg.): *Neue Bildverarbeitungstechnologien für die automatisierte optische Kontrolle strukturierter Oberflächen in der Produktion*. Schlussbericht Forschungsprojekt Forschungskuratorium Maschinenbau e. V., Nr. AIF 10904 B. Fraunhofer-Institut für Produktionsanlagen und Konstruktionstechnik IPK, Bereich Prozesstechnik, Abteilung Mustererkennung, Ilmenau 1999.

[2]   Brunotte, G.P. & Mootz, K.: QICPIC — Dynamische Bildanalyse zur Partikelgrößen- / Faserlängenverteilung und Formfaktoranalyse. Vortrag, 42 Seiten in AVK-TV und IFBB, Hochschule Hannover (Veranst.): Arbeitskreis Faseranalytik, IFBB, HS Hannover, 11.09.2013. IFBB, Hochschule Hannover 2013.

[3]   Düffels, K.: *Von der Siebanalyse zur Bildanalyse: Tipps für den erfolgreichen Umstieg*. LABO — Das Magazin für Labortechnik + Life Sciences **49**,10 (2018), 7 Seiten. https://www.labo.de/analyseninstrumente/dynamische-bildanalyse-statt-siebanalyse.htm. Gesehen 2018-11-09.

[4]   Schmid, H. G.: *Image analysis for quality control of diamonds*. Diamante Applicazioni & Tecnologia **5**,18 (1999), 111-120.

[5]   Plinke, B.: Von Fasern, Spänen, Sieben und Scannern — Partikelmesstechnik bei Holzpartikelwerkstoffen und WPC. Vortrag in AVK — Industrievereinigung Verstärkte Kunststoffe e.V., (Organis.): Auftaktveranstaltung des neuen AVK-Arbeitskreises „Faseranalytik" am 21. Mai 2014 in Frankfurt. AVK — Industrievereinigung Verstärkte Kunststoffe e.V., Frankfurt/M 2014, 34 Seiten.

[6]   Plinke, B.; Benthien, J.T.; Krause, A.; Krause, K.C.; Schirp, A. & Teuber, L.: *Optische Größenvermessung von Holzpartikeln für die WPC-Herstellung — Vergleich dreier Messverfahren*. holztechnologie **57**,4 (2016), 43 – 50. ISSN 0018-3881.

[7]   Deutsches Institut für Normung e.V. (Hrsg): DIN ISO 9276-1: 2004-09 Darstellung der Ergebnisse von Partikelgrößenanalysen — Teil 1: Grafische Darstellung (ISO 9276-1:1998). Beuth Verlag, Berlin 2004.

[8]   Sostmann, S.: *Untersuchung des Zusammenhanges zwischen Wärmeleitfähigkeit und morphologischen Eigenschaften der Papelflaumfaser*. Bachelorarbeit, Fachbereich Textil- und Bekleidungstechnik, Hochschule Niederrhein und Faserinstitut Bremen, Mönchengladbach 2015.

[9]   Deutsches Institut für Normung e.V.: DIN 53808-1 — Prüfung von Textilien: Längenbestimmung an Spinnfasern — Einzelfaser-Messmethode. Beuth Verlag, Berlin 2003.

[10] Fischer, H.; Müssig, J. & Schmid, H.: *Anleitung zum Fibreshape-Rundtest Längenmessung Herbst 2014*. Faserinstitut Bremen e.V.; Hochschule Bremen – HSB –, Bionik, AG

Biologische Werkstoffe und IST AG, Bremen 2014. DOI 10.13140/RG.2.1.1729.7768. Online verfügbar: https://www.researchgate.net/publication/280509264_Anleitung_zum_Fibreshape-Rundtest_Lngenmessung_Herbst_2014. Gesehen 2019-09-12.

[11] Popp, M.: *Fiver Fiber Verification*. Würzburg: SKZ Das Kunststoffzentrum, 2014.

[12] Deutsches Institut für Normung e.V. (Hrsg): DIN EN 12751:1999 *Textilien: Probenahme von Fasern, Garnen und textilen Flächengebilden für Prüfungen*. Beuth Verlag, Berlin, 1999.

[13] Projekt futureTEX (Hrsg.): TourAtlas RecyCarb. Broschüre, 20 Seiten, Sächsisches Textilforschungsinstitut, Chemnitz, DE 2019. Online erhältlich: https://www.futuretex2020.de/forschungsvorhaben/recycarb. Gesehen 2019-04-17.

[14] Fischer, H.; Heilos, K.; Hofmann, M. ; Miene, A,; Ziller, M.; Cleff, C.; Maidorn, J.; Hohmuth, H.; Schaarschmidt, R. & Bauer, K.: *RecyCarb — Ganzheitliche verfahrenstechnische Betrachtung und prozessbegleitendes Monitoring von Qualitätsparametern bei der Aufbereitung von Carbonfaserabfällen und deren hochwertigen Wiedereinsatz in textilen Flächengebilden als Basismaterial für Fa-serverbundwerkstoffe der Zukunft*. In Reihe: Forschungsberichte aus dem Faserinstitut Bremen **60**. Herstellung und Verlag: Books on Demand GmbH, Norderstedt, April 2019, 128 Seiten. ISSN 1618-7016. ISBN 978-3-7494-3150-2.

[15] Deutsches Institut für Normung e.V. (Hrsg): ISO 14488:2007-12 *Partikelförmige Stoffe — Probennahme und Probenteilung für die Bestimmung der Eigenschaften partikelförmiger Stoffe (Particulate materials — Sampling and sample splitting for the determination of particulate properties)* mit ISO 14488 AMD 1:2019-11 *Partikelförmige Stoffe — Probennahme und Probenteilung für die Bestimmung der Eigenschaften partikelförmiger Stoffe; Änderung 1 (Particulate materials — Sampling and sample splitting for the determination of particulate properties; Amendment 1)*. Beuth Verlag, Berlin, 2019.

[16] Fischer, H.; Sigmund, I.; Hartwig, P.; Dederer, E. & Maschinski, A.: *Handbuch zur Vorbereitung von Proben für die statische Bildanalyse — Leitfaden für Praktiker im Labor —*. Faserinstitut Bremen e.V. und Sächsisches Textilforschungsinstitut e.V., Bremen 2023. Herstellung und Verlag: Books on Demand GmbH, Norderstedt. ISBN 978-3-74317-283-8 (Paperback) und 978-3-75786-870-3 (E-Book). Online erhältlich: https://www.bod.de/buchshop/handbuch-zur-vorbereitung-von-proben-fuer-die-statische-bildanalyse-holger-fischer-9783743172838. Gesehen 2023-03-27.

[17] Schmid, H.; Schmid G.; Schmid-Götte I.; Buda, C.: *X-Shape Manual 6.2.2*. Software Manual, IST AG — Innovative Sintering Technologies, Vilters, CH 2020.

[18] Deutsches Institut für Normung e.V. (Hrsg): DIN ISO 3310-1:2017-11 *Analysensiebe — Technische Anforderungen und Prüfung — Teil 1: Analysensiebe mit Metalldrahtgewebe (ISO 3310-1:2016)*. Beuth Verlag, Berlin, 2017.

[19] Fischer, H.; Sigmund, I.; Hartwig, P.; Dederer, E. & Maschinski, A.: *Standardising the Sample Preparation for Analysis of Fibres and Particles by Static Image Analysis*. In Team of Authors (Hrsg.): 23rd International Conference STRUTEX (Conference Book).

Seiten 251 – 256. Technical University of Liberec, Liberec, CZ 2022. ISBN 978-80-7494-621-9.

[20] Armed Forces Supply Center: MIL-STD-150A (USAF), Notice 2:1963: *Military Standard: Photographic Lenses*. Armed Forces Supply Center, Washington DC., Washington DC, MIL-STD-150A (USAF), Notice 2:1963 (1963) http://everyspec.com/MIL-STD/MIL-STD-0100-0299/download.php?spec=MIL-STD-150A.016197.PDF. Gesehen 2015-09-10.

7 Beteiligte Institutionen und Ansprechpartner

7.1 Faserinstitut Bremen e.V.

Faserinstitut Bremen e.V. — FIBRE
Am Biologischen Garten 2 / IW3 | 28359 Bremen
Ansprechpartner: Dr. Holger Fischer
T: +49 421 218 58661 | Fischer@Faserinstitut.de

Faserinstitut Bremen e.V. — FIBRE (Koordinator)

Das Faserinstitut Bremen e.V. (FIBRE) nimmt als wissenschaftliche Einrichtung an der Universität Bremen Forschungs- und Entwicklungsaufgaben auf den Gebieten der Prüfung, Weiterentwicklung und Verarbeitung von Fasern, textilen Halbzeugen und Faserverbundwerkstoffen wahr.

Das Institut wurde 1969 als gemeinnütziger Verein gegründet. In ihm gingen die Aktivitäten des 1955 an der Baumwollbörse Bremen aufgebauten Baumwoll-Labors und die des 1965 entstandenen Woll-Labors e.V. auf. Im Jahr 1989 wurde eine Kooperation mit der Universität Bremen eingegangen, um auf den Gebieten der Prüfmethodenentwicklung für Naturfasern, der Spezialfasern und von Faserverbundwerkstoffen gemeinsam anwendungsnahe Forschung zu betreiben.

Das Institut beschäftigt heute über 50 Mitarbeiter, davon über 35 Ingenieurinnen und Ingenieure der Materialwissenschaft, Produktionstechnik, Verfahrenstechnik und Luft- und Raumfahrttechnik sowie Physiker, Chemiker und Informatiker. Das Institut erhält eine Grundfinanzierung durch das Land Bremen und finanziert sich heute zu über 80% aus Drittmitteln. Bei der Projektfindung und -bearbeitung nutzt das FIBRE wertvolle Netzwerke wie z.B. das Forschungskuratorium Textil, das CFK-Valley-Stade und NorLiN. Durch die Vielzahl von erfolgreich durchgeführten Forschungs- und Entwicklungsprojekten besitzt FIBRE darüber hinaus ein umfangreiches eigenes Netzwerk aus hervorragenden Partnern aus Industrie und Wissenschaft. Es ist Anspruch des Instituts, Projekte kundenorientiert und professionell in hoher Qualität zu bearbeiten.

Die Arbeiten auf dem Gebiet der Naturfasern und Biocomposites umfassen die Forschung und Entwicklung an Themen der gesamten Prozesskette in der Produktion von Naturfasern. Dieses beinhaltet Prozesse vom Anbau bis zum Einsatz in technischen Anwendungen wie bei der Erzeugung von Naturfaserverbundwerkstoffen mit naturbasierten Matrixmaterialien unter besonderer Berücksichtigung der Qualitätsprüfungen entlang der Wertschöpfungskette. Ein grundlegender Schwerpunkt ist die Weiterentwicklung von Messverfahren sowie ihre internationale Harmonisierung und Normung. In diesem Rahmen führt das FIBRE u.a. regelmäßige interlaboratorielle Rundtests im Auftrag der IWTO (Wolle) sowie in Kooperation mit der Bremer Baumwollbörse (Baumwolle) durch.

7.2 Sächsisches Textilforschungsinstitut e.V. (STFI), Chemnitz

Sächsisches Textilforschungsinstitut e.V. — STFI
Annaberger Straße 240 | 09125 Chemnitz
Ansprechpartner: Ina Sigmund
T: +49 371 5274 203 | Ina.Sigmund@stfi.de

Sächsisches Textilforschungsinstitut e.V. — STFI
Das Sächsische Textilforschungsinstitut e.V. (STFI) betrachtet vielfältige Anwendungsfelder von Textilien und ist Innovationspartner und industrienaher Dienstleister für seine Kunden. In der verfahrens- und anwendungsbezogenen FuE-Arbeit spiegeln sich sowohl klassische Textiltechnologien als auch innovative, unkonventionelle Lösungen für breiteste Anwendungsgebiete. Die Themenschwerpunkte der Arbeiten am STFI liegen in den Bereichen Technische Textilien, Vliesstoffe, Textiler Leichtbau, Funktionalisierung, Recycling, Digitalisierung und Industrie 4.0. Mit langjähriger Erfahrung und Kompetenz wartet das STFI in Prüfung und Zertifizierung Persönlicher Schutzausrüstung (PSA) und der Zertifizierung von Geokunststoffen auf.

Inhalt und Zielrichtungen der Aktivitäten des STFI werden vordergründig durch Kundenanfragen und -bedürfnisse definiert. Die Forschungstätigkeit des Institutes ist industrienah und anwendungsorientiert ausgerichtet. Die industriemaßstabsnahe Verarbeitung von diffizilen Spezialfasern ist seit Mitte der 1990er Jahre in Anpassung an die Bedürfnisse der Kunden bis hin zum Produkt am STFI stetig forciert worden. Im Technikum des Instituts ist u. a. die komplette Anlagentechnik von der Faseraufbereitung über die Band-, bis hin zur Garnherstellung und Zwirnerei sowie für alle Vliesbildungs- und Verfestigungsverfahren vorhanden.

In der akkreditierten Prüfstelle des STFI werden entwicklungsbegleitend alle textilphysikalischen Untersuchungen an Ausgangsmaterialien, Zwischen- und Endprodukten durchgeführt. Die Realisierung des Forschungsthemas ermöglicht, die Vielfalt der aktuell und zukünftig anfallenden Faserproben reproduzierbar für unterschiedliche textilphysikalische Prüfungen vorzubereiten, um die personellen Ressourcen der Textillaboranten zu entlasten.

Die Probenvorbereitung auch diffiziler Fasern bzw. vermehrt aufkommender Rezyklate auf Faserbasis muss definierten Fallgruppen zuordenbar werden. Die Vorgehensweise bei der Probenvorbereitung solcher Fallgruppen ist perspektivisch zu standardisieren. Damit wird es möglich, den Aufwand zur Analyse der Vorgehensweise bei der Probenvorbereitung für eine verfahrensunabhängige bildanalytische Auswertung zu senken. Das im Ergebnis des Forschungsprojekts entstandene Handbuch zur Probenvorbereitung dient dabei als Einführung zur Vorbereitung der Standardisierung für faserförmige Partikel zur Auswertung der Messung mit Hilfe einer statischen Bildanalysemethode.

Enge Kontakte zu regionalen und überregionalen Industriepartnern schaffen ideale Voraussetzungen für den Transfer der Forschungsergebnisse. Durch die Mitwirkung am Kooperationsprojekt zur Vorbereitung der Standardisierung in der Probenvorbereitung von Partikeln als auch Fasern bietet sich die Chance für eine Weiterentwicklung des Know-hows zur Faserkennwertermittlung insgesamt.

Die erzielten Projektergebnisse schaffen die Voraussetzung für weitere Forschungskooperationen in Richtung Normung bzw. zur Vermarktung des entwickelten Prüf-Know-hows.